MINISTÈRE DES TRAVAUX PUBLICS

ÉTUDES

DES

GITES MINÉRAUX

DE LA FRANCE

Publiées sous les auspices de M. le Ministre des Travaux publics
par le Service des Topographies souterraines

BASSIN HOUILLER DE RONCHAMP

PAR

E. TRAUTMANN

Inspecteur général honoraire des Mines

PARIS

IMPRIMERIE DE A. QUANTIN

7, RUE SAINT-BENOIT

1885

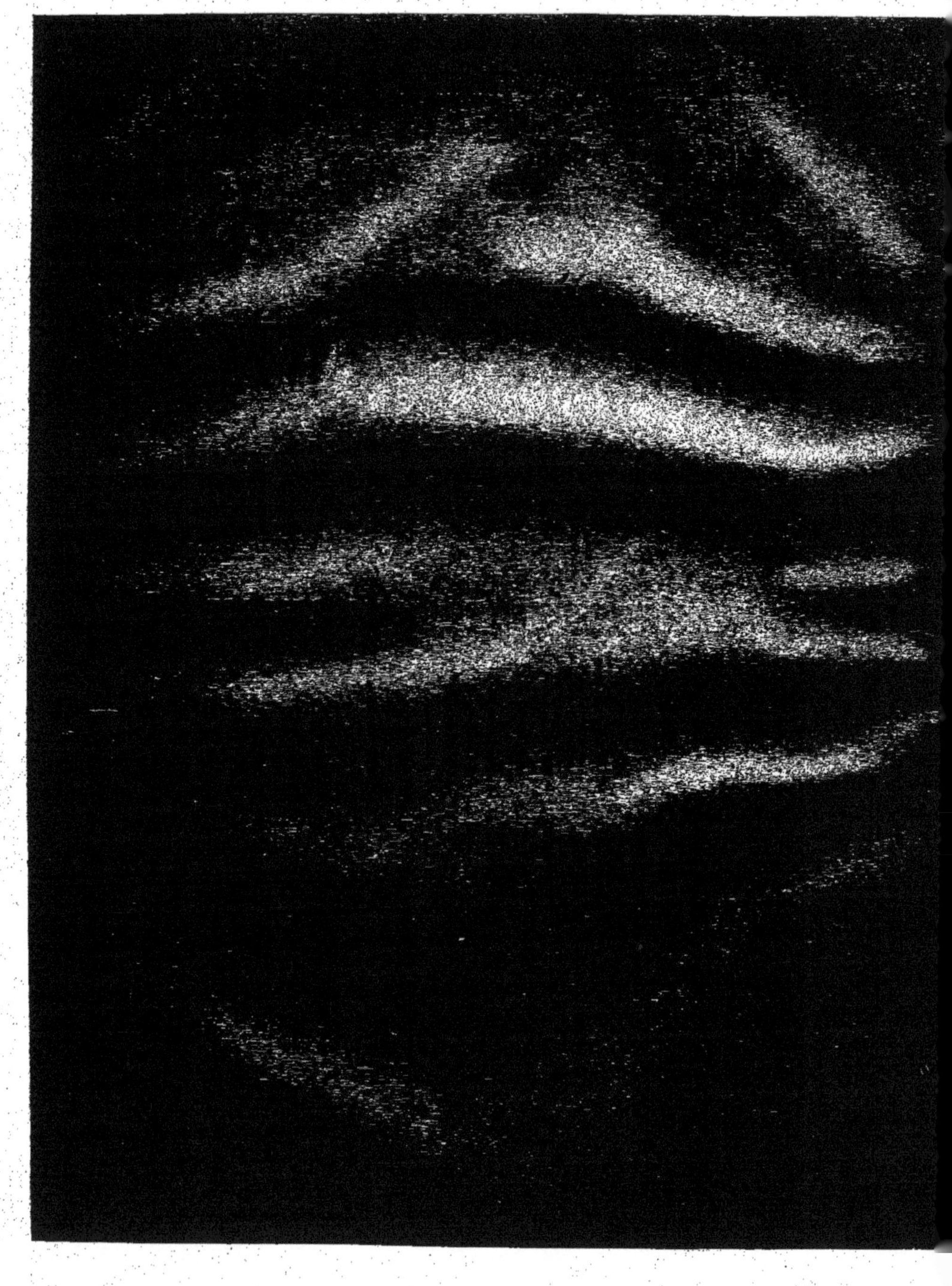

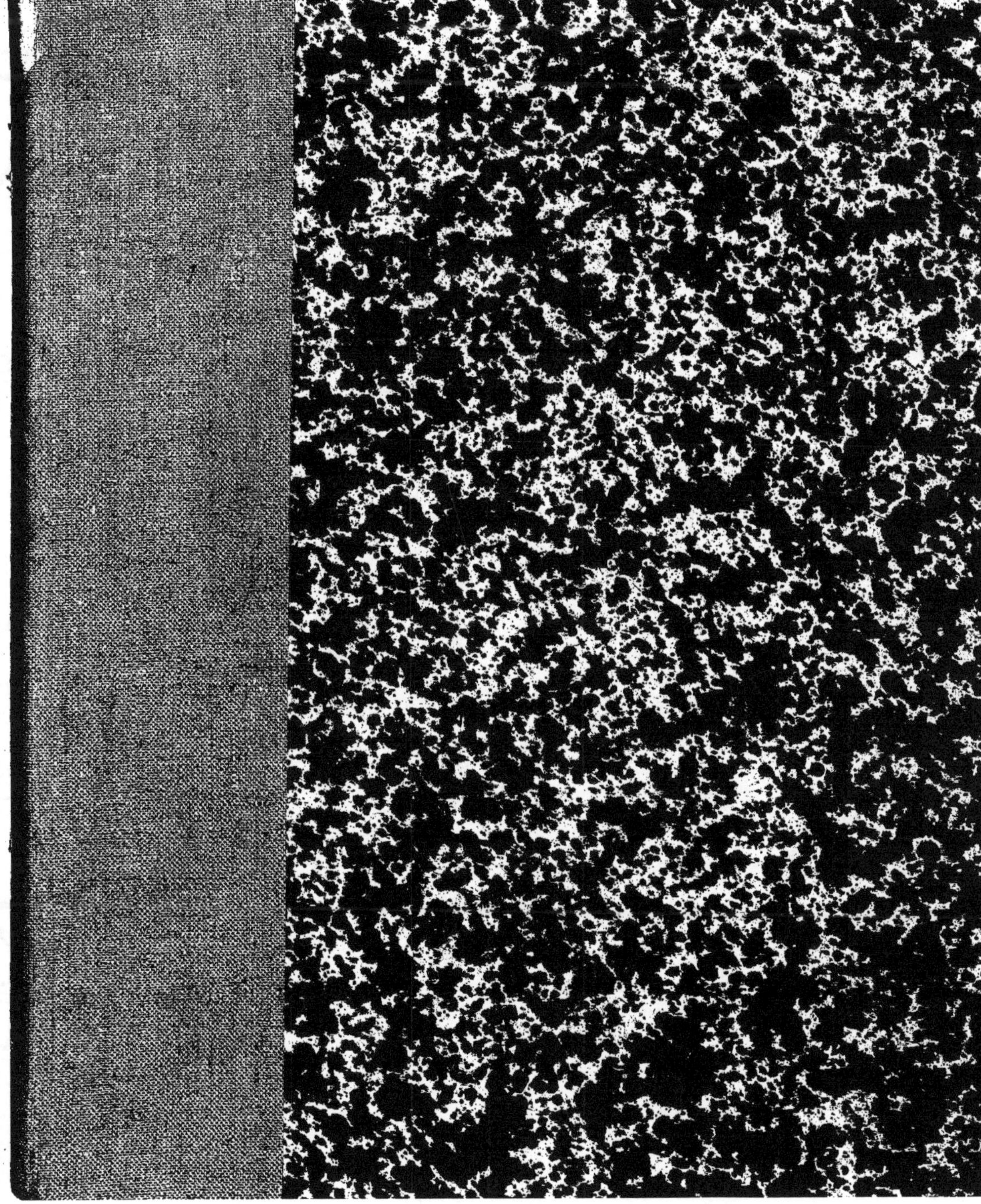

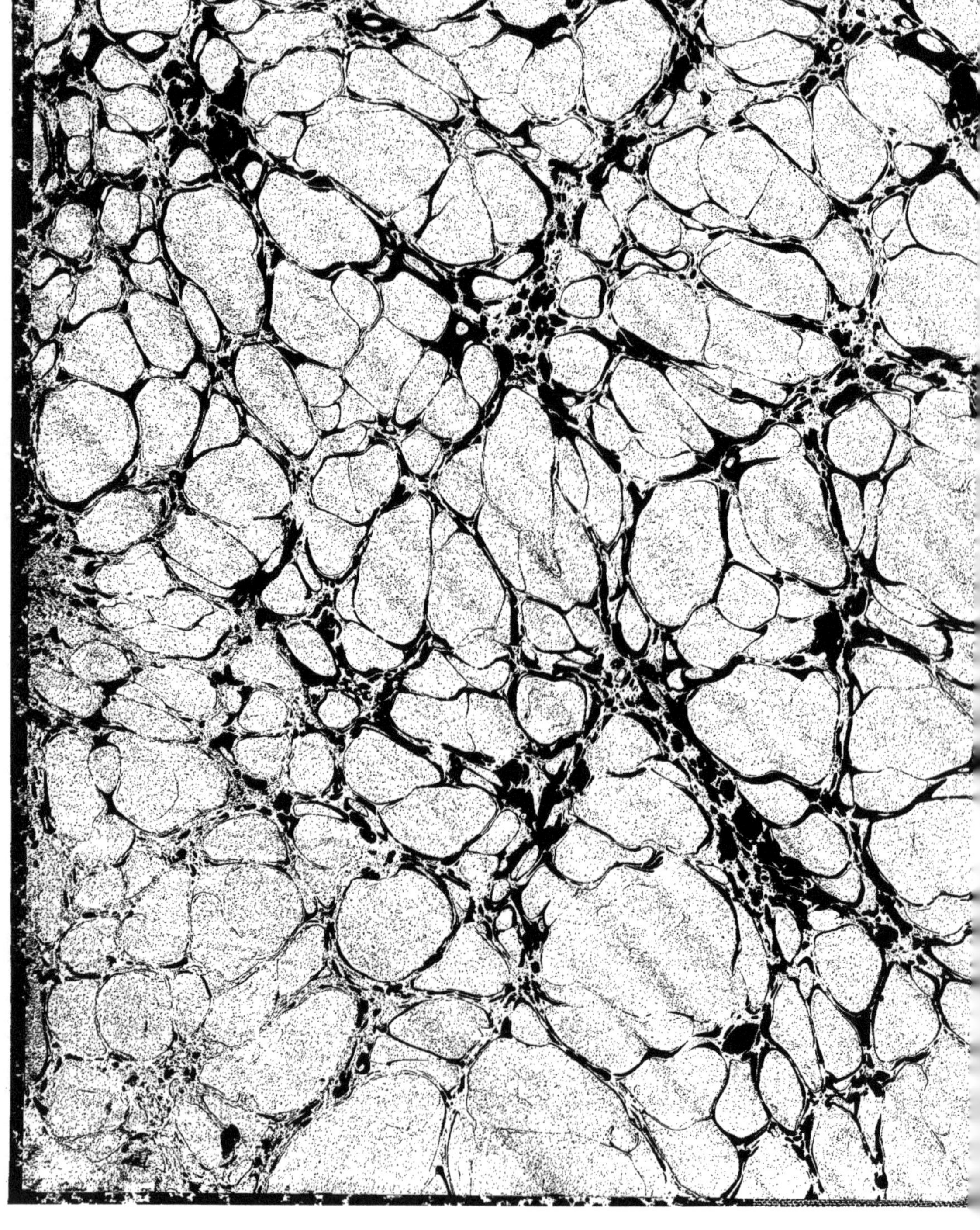

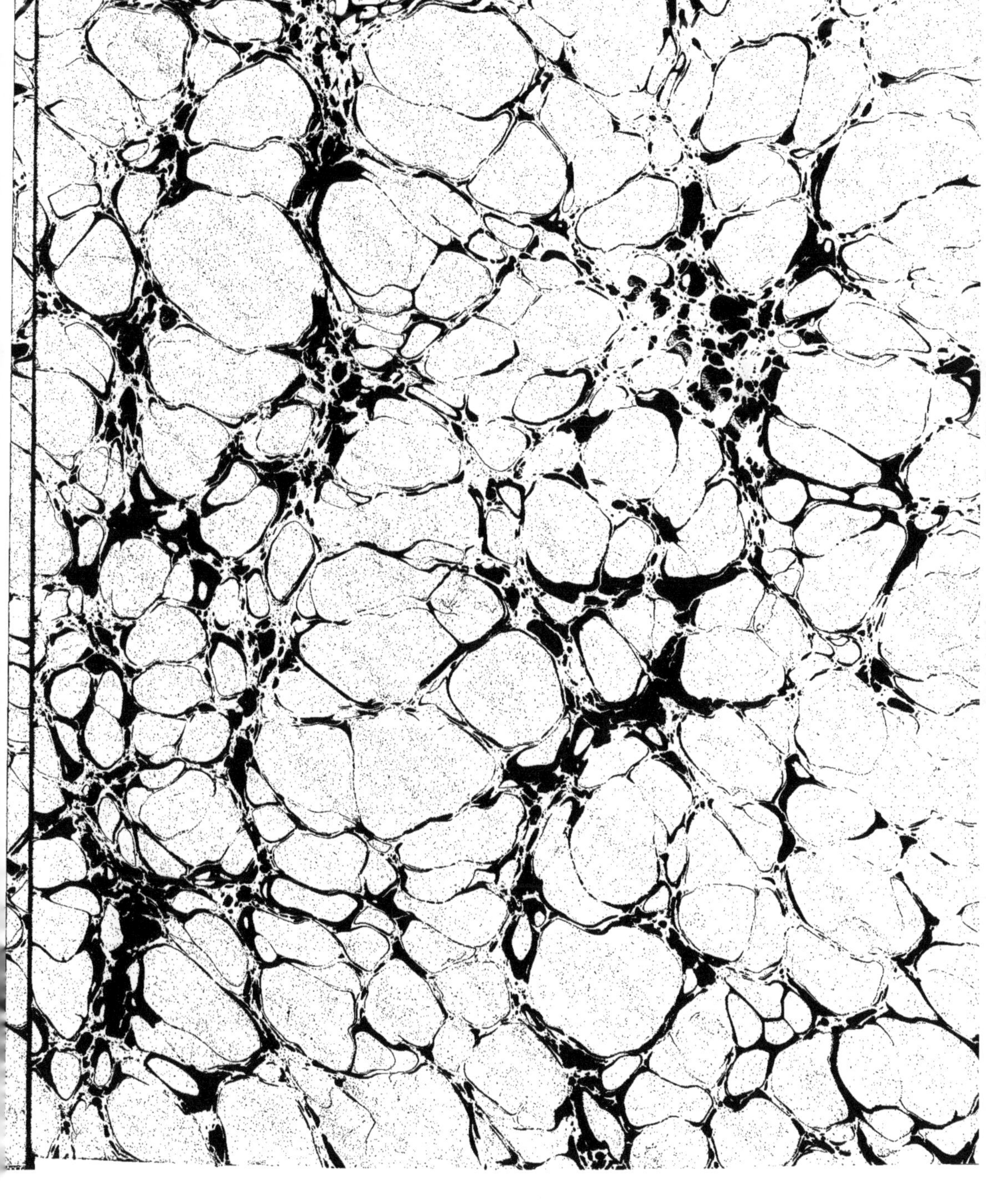

BASSIN HOUILLER DE RONCHAMP

MINISTÈRE DES TRAVAUX PUBLICS

ÉTUDES

DES

GITES MINÉRAUX

DE LA FRANCE

Publiées sous les auspices de M. le Ministre des Travaux publics
par le Service des Topographies souterraines

BASSIN HOUILLER DE RONCHAMP

PAR

E. TRAUTMANN

Inspecteur général honoraire des Mines

PARIS

IMPRIMERIE DE A. QUANTIN
7, RUE SAINT-BENOIT

1885

AVANT-PROPOS

Pendant que nous étions encore chargé, comme ingénieur en chef, du service ordinaire du département de la Haute-Saône, l'administration, en juillet 1882, et sur la proposition de M. Jacquot, inspecteur général des mines, directeur de la carte géologique détaillée et des topographies souterraines des bassins houillers de France, a bien voulu nous confier la topographie souterraine du bassin houiller de Ronchamp; c'est cette étude, qui devait être terminée dans un délai de deux ans, que nous présentons aujourd'hui.

Le mémoire se compose de deux parties : l'une, l'historique du bassin de Ronchamp ; la seconde, sa description géologique et technique, accompagnée de neuf planches de dessins, coupes, plans de travaux et carte géologique.

La partie historique a été puisée par nous à peu près exclusivement dans les nombreux documents qui existent dans le bureau de l'ingénieur en chef des mines de Chaumont, soit dans les archives, soit dans les dossiers actuels.

Dans le mémoire descriptif, nous n'avons nullement l'intention de donner notre avis sur l'âge et la classification exacte du terrain fort étendu que, dans les Vosges, on désigne généralement sous le nom de terrain de transition, ainsi que des roches éruptives qu'on y rencontre en si grande abondance ; ce sujet a déjà été traité à plusieurs reprises par des géologues qui tous n'arrivaient pas aux mêmes conclusions. Ni le cadre de notre étude ni le temps ne nous permettaient d'entrer en plein dans cette question, et nous avons dû nous restreindre à examiner les terrains anciens et les roches éruptives qui intéressent directement le terrain houiller de Ronchamp, c'est-à-dire qui se trouvent dans son voisinage et qui ont eu une certaine influence sur lui, soit lors de son dépôt, soit au moment des diverses dislocations qu'il a subies. Nos conclusions ne s'appliquent qu'aux terrains rentrant dans les limites de notre étude et nous ne prétendons pas les généraliser et les appliquer à l'ensemble des terrains analogues des Vosges.

Pour tracer la carte géologique, nous nous sommes servi, pour les environs de Belfort et la vallée de la Savoureuse, de la carte géologique au $\frac{1}{40.000}$ de M. Parisot; pour tout le reste, nous avons tracé les limites des terrains en parcourant les lieux; nous avions pourtant pour guide la carte géologique de la Haute-Saône de Thirria, mais sa petite échelle ($\frac{1}{263.000}$ environ) ne nous permettait guère de l'appliquer sur la nôtre qui est de $\frac{1}{40.000}$.

Nous avons trouvé aux houillères de Ronchamp les plus grandes facilités pour notre travail, et nous devons remercier avant tout le directeur de la houillère, M. de Goumoëns, qui a mis à notre disposition, avec la plus grande complaisance, tous les renseignements et documents dont nous avions besoin. Nous remercions également notre camarade, M. Humbert, qui nous a accompagné dans les visites de mines et les courses géologiques pour les collections d'échantillons, et dont le concours, d'ailleurs autorisé par l'administration, nous a été fort utile. Nous devons citer enfin le garde-mines de Chaumont, M. Villaume qui, sous nos yeux, a copié et dessiné avec un grand soin les neuf planches formant l'atlas de la topographie de Ronchamp.

Dans le cours de notre mémoire, nous citons divers auteurs ou ouvrages auxquels nous renvoyons, ce sont :

Explication de la carte géologique de France: les Vosges, par Élie de Beaumont.

Statistique minéralogique et géologique du département de la Haute-Saône, par Thirria.

Mémoire sur le terrain de transition des Vosges, par J. Kœchlin, Schlumberger et Ph. Schimper.

Esquisse géologique des environs de Belfort, par L. Parisot (1864).

Description géologique et minéralogique du territoire de Belfort, par L. Parisot (1877).

Chaumont, le 25 juin 1884.

l'Inspecteur général honoraire :

E. Trautmann.

TOPOGRAPHIE SOUTERRAINE

DU

BASSIN HOUILLER DE RONCHAMP

(HAUTE-SAONE)

HISTORIQUE

Le bassin houiller de Ronchamp s'appuie sur le versant méridional du massif des Ballons des Vosges avec un pendage général vers le Sud-Ouest ; mais il est presque immédiatement recouvert partout par la formation du grès rouge, de sorte que le terrain houiller n'affleure que sur une bande assez mince, et d'un autre côté, dans ces pays couverts de forêts, il ne pouvait guère attirer l'attention que dans les ravins qui descendent du massif des Vosges ; cela explique la découverte assez tardive de la houille dans ces parages, découverte qui ne remonte pas au delà de la seconde moitié du xviii⁰ siècle.

Vers 1750, l'abbaye de Lure découvrait une mine de houille près du ravin séparant les deux communes de Ronchamp et de Champagney, dans le bois du Chevanel, sur le territoire de Champagney, qui dépendait de la seigneurie de Passavant, et elle obtint, par ordonnance de l'intendant de la Franche-Comté, rendue le 24 avril 1757, en exécution des ordres du roi, la permission d'exploiter cette mine. Le bois du Chevanel était la propriété de l'abbaye de Lure.

D'un autre côté, les sieurs de Reinach et d'Andlau, barons de Ronchamp, avaient fait une pareille découverte dans le bois de l'Étançon, situé sur le territoire de la seigneurie de Ronchamp, sur la droite du même ravin, et ils obtinrent, d'abord par une ordonnance de l'intendant de la province, et puis par un arrêt du Conseil du 11 septembre 1757, la concession pour vingt années *des mines de charbon situées dans le lieu d'Autançon et à 600 toises de rayon.*

On reconnut bientôt que les deux mines qui avaient été découvertes, d'un côté dans le bois de l'Autançon, sur le territoire de Ronchamp par les barons de Ronchamp, et d'un autre côté dans le bois de Chevanel, sur Champagney par le chapitre de Lure, n'en faisaient qu'une seule, et elles furent exploitées à frais communs par les deux concessionnaires, qui demandèrent une seule et même concession, qui fut accordée par un arrêt du Conseil du 1ᵉʳ mars 1763. Cet arrêt est ainsi conçu :

« Le Roy en son Conseil ayant aucunément égard à la dite requête, a permis et permet aux dits abbé, grand prieur et capitulaires de la dite abbaye de Lure et aux dits S.S. de Reynach et d'Andlau, d'exploiter pendant le temps et espace de 30 années consécutives, la mine de houille ou charbon de terre, par eux découverte dans le bois de Chevanel, sur le territoire de Champagney, dépendant de la seigneurie de Passavant, en Franche-Comté, et sur la dite seigneurie de Ronchamp, en exemption de tous droits sur ledit charbon de terre, en quelque endroit du royaume où il puisse être transporté, et à condition de se conformer dans ladite exploitation aux dispositions portées par le règlement du 14 janvier 1744 ; veut, Sa Majesté, que les ouvriers qui seront employés à l'exploitation de ladite mine jouissent de tous les priviléges accordés aux ouvriers de cette espèce ; fait, Sa Majesté, défenses à toutes personnes de troubler ni inquiéter les dits entrepreneurs, à peine de tous dépens, dommages et intérêts. »

Par un autre arrêt du Conseil, en date du 25 octobre 1766, le prince de Bauffremont avait obtenu, de son côté, la concession pour trente années

des mines situées sur la terre de Faucogney et sur les territoires d'Aurière
et de Mourière, dépendant de la seigneurie de Ronchamp. Le chapitre de
Lure et les barons de Ronchamp formèrent opposition à cet arrêt, et demandèrent qu'il leur fût permis de faire l'ouverture et l'exploitation des mines
de houille existant tant dans les cantons d'Aurière et de Mourière que sur
tous autres dépendants de la terre et haute justice de Ronchamp pendant
les trente années accordées par l'arrêt du Conseil du 1er mars 1763. Leur
demande ne fut pas accueillie, et l'arrêt du 24 septembre 1768 permit au
prince de Bauffremont de continuer l'exploitation des mines de charbon
situées dans sa terre de Faucogney, et même de celles qui pourront se trouver
dans la partie du territoire de Mourière située sur la rive droite du ruisseau
traversant le village de ce nom. Le même arrêt conférait aux barons de
Ronchamp et consorts la permission d'exploiter, *exclusivement à tous autres*,
pendant l'espace de trente années, toutes les mines de charbon de terre qui
pouvaient se trouver dans l'étendue de la baronnie de Ronchamp, à l'exception des terrains dépendants de ladite baronnie qui se trouvaient sur la rive
droite du ruisseau de Mourière. Le prince de Bauffremont n'exploita pas à
Mourière, mais en 1793 le sieur Grézely, propriétaire de la verrerie de la
Saulnaire, acheta les domaines de la princesse de Beauffremont, ainsi que les
cens, dîmes, lots et autres redevances qui dépendaient de ces domaines et
qui n'étaient pas abolis par les lois.

En 1784, l'abbaye de Lure et les barons de Ronchamp présentèrent au
roi une nouvelle requête, où ils exposent qu'ils n'ont rien négligé pour porter
leur entreprise au plus haut degré de perfection et d'utilité publique; mais
que depuis vingt ans que leur mine est en pleine exploitation, son produit
n'a pas encore compensé les dépenses, à cause de l'immensité des forêts qui
fait vendre les bois à bas prix; que pour parer à cet inconvénient ils ont
entrepris à grands frais une manufacture de noir de fumée et de bitume, et
une manufacture d'alun, qu'ils ont été obligés d'abandonner; que, cepen-
dant, vingt années de leur concession se sont déjà écoulées, et que, si le
terme accordé par l'arrêt du 1er mars 1763 n'était prorogé d'avance, les sup-
pliants auraient lieu de craindre de se voir arrêtés au milieu de leur car-

rière. Ils requièrent, en conséquence, à ce qu'il plaise à Sa Majesté proroger pendant trente années la concession à eux accordée par l'arrêt du 1er mars 1763, aux mêmes charges et conditions exprimées dans ledit arrêt.

Cette fois, les habitants et la communâuté de Ronchamp présentèrent un mémoire où ils exposent : « Déjà, en 1781, ils demandèrent au roi la permission de faire extraire du charbon de terre dans le finage de la communauté, spécialement au lieu dit : le Tancose, compris dans la concession accordée aux seigneurs de Ronchamp, mais que, d'après l'avis de M. l'intendant de la province, le ministre des finances jugea qu'il n'y avait pas lieu de statuer alors sur cette demande qui était prématurée, attendu que les concessionnaires avaient encore plusieurs années de jouissance.

« Ayant été informés que les seigneurs de Ronchamp ont demandé une prorogation de leur concession, ils supplient Sa Majesté de leur accorder la préférence, attendu que ces mines se trouvent dans leur territoire; cette grâce leur fournira les moyens de subvenir aux charges de la communauté, se soumettant d'indemniser les concessionnaires des ustensiles servant à l'exploitation, ainsi que des bâtiments qui peuvent être construits à cet effet, comme aussi de payer à l'École royale militaire ou au Trésor royal une somme de 3,000 livres pendant la durée de la concession. » La communauté ajoute que « les barons de Ronchamp exploitent dans le bois de l'Étançon, bois communal, où les seigneurs n'ont droit que comme premiers habitants; qu'il paraît naturel qu'un propriétaire ne soit pas privé des fruits qui se trouvent dans son fonds, tel que le charbon de terre. Qu'il est d'ailleurs inexact que la houille ait été découverte par les seigneurs de Ronchamp et le chapitre de Lure; ce sont, au contraire, deux habitants de Ronchamp qui ont fait cette découverte. Que la communauté, ayant été instruite de cette découverte, passa un bail à deux particuliers, par lequel elle leur abandonna ses droits, à la charge de payer un produit annuel assez modique et d'obtenir à leurs frais la permission d'exploiter; et c'est pendant que ces derniers sollicitaient l'homologation de leur bail que les seigneurs de Ronchamp et Lure obtinrent, par l'arrêt du 1er mars 1763, la concession de ces mines : ceux-ci ont joui dès lors et jouissent encore des

fruits qui se trouvent dans les bois communaux des habitants de Ronchamp,
« sans jusqu'à présent leur avoir accordé aucune indemnité. »

En réponse, à la date du 4 juin 1783, les seigneurs de Ronchamp firent
sommation aux habitants dudit lieu pour convenir ensemble d'expert et de
géomètre, à l'effet de procéder au mesurage et estimation des terrains qu'ils
occupent pour le roulement de la houillère. Le 29 juin suivant, les habitants
de Ronchamp répondirent au subdélégué de la province que, depuis vingt
ans, ces seigneurs n'ont voulu leur accorder aucune indemnité; que ce n'est
qu'après que ces derniers ont appris qu'ils avaient demandé la permission
d'exploiter eux-mêmes les mines de leur territoire qu'ils leur ont offert de les
dédommager et de leur payer la même somme qu'ils avaient promise aux
habitants de Champagney, laquelle se monte à 30 livres par année, mais
que cette somme est insuffisante pour les dédommager des dégradations
qu'ils ont souffertes depuis le commencement de l'exploitation; que, notamment, l'on a enlevé plus de 5,000 pieds de chêne.

Ils ajoutent qu'ils ne seront jamais indemnisés des dommages qu'ils
ont essuyés, si Sa Majesté ne leur accorde pas la concession à leur tour, ou
du moins la moitié du profit tant du passé que de l'avenir; ou, comme ils
sont pour la plupart, ainsi que leurs biens meubles et immeubles, main-
mortables envers les seigneurs, ils se trouveraient un peu dédommagés si
Sa Majesté n'accordait la prorogation en question aux seigneurs de Ronchamp qu'à condition qu'ils affranchiraient les habitants de la mainmorte.

Les seigneurs de Ronchamp répondirent en exposant le peu de succès
que l'administration pourrait se promettre d'une exploitation confiée à un
corps d'habitants incapables de spéculation, des vues et des engagements
nécessaires pour la faire prospérer; il serait injuste d'enlever aux seigneurs
les fruits de leurs travaux, qu'ils ne pourront recueillir qu'à la faveur d'une
longue suite d'années. Ils assimilent les mines de charbon de terre à celle des
métaux réservés au roi ou aux seigneurs hauts-justiciers auxquels Sa Majesté
a communiqué les droits du fisc; un règlement de 1700, pour les mines de
Franche-Comté, les leur accorda de préférence; il ne peut y avoir de différence à cet égard pour les mines de charbon; ils y ont un droit, par con-

séquent, avant les propriétaires, sauf les indemnités que ces derniers sont dans le cas d'avoir à réclamer; ils ne refusent point d'en donner; ils ont même sommé les habitants de convenir de gré à gré ou à dire d'experts de celles qu'ils auraient à prétendre; au surplus, les dommages ne sont pas aussi considérables que les habitants le font entendre. L'indemnité serait tout au plus évaluée, à dire d'experts, à 60 livres, et on ne saurait la comparer au bénéfice qu'ils retireraient de l'affranchissement de la mainmorte qu'ils réclament. La terre de Ronchamp n'a de produit apparent que ce droit seigneurial. Au surplus, les seigneurs de Ronchamp n'ont jamais exercé ce droit avec rigueur; au contraire, ils se sont toujours montrés favorables aux propositions d'affranchissement qu'on leur a faites, et quand les habitants le voudront, les seigneurs prendront volontiers de leur bois en remplacement de leur droit.

Nous avons cru devoir entrer dans quelques détails sur ces réclamations et contestations, qui mettent à jour les défauts et les imperfections du régime des permissions ou concessions temporaires inauguré en 1744, où, en général, les droits et obligations des concessionnaires n'étaient nullement relatés, et où, le plus souvent, les limites de la concession étaient délimitées d'une manière assez vague.

La communauté de Champagney ne fit aucune opposition à la demande de prorogation, et cela se conçoit, car sur le territoire de Champagney il n'y avait alors guère d'exploitation que dans le bois du Chevanel, qui était la propriéié de l'abbaye de Lure.

Le 30 mars 1784, intervint un nouvel arrêt que nous reproduisons intégralement; il contient quelques dispositions intéressantes; d'un autre côté, quoique rédigé avec plus de soin que celui du 1ᵉʳ mars 1763, il n'en a pas moins été l'objet de bien des interprétations et de controverses.

« Le Roi, en son conseil, a ordonné et ordonne que ledit arrêt du 1ᵉʳ mars 1763 continuera d'être exécuté selon sa forme et sa teneur; ce faisant, Sa Majesté a prorogé et proroge pour trente années à compter de l'expiration du précédent privilège, en faveur des Abbé, Primat, Grand-Prieur et Capitulaire de l'abbaye de Lure en Franche-Comté, et des S. S. de

Reynach, d'Andlau et Ferrette, barons de Ronchamp, la permission d'exploiter exclusivement à tous autres les mines de charbon découvertes et à découvrir dans le bois de Chevanel sur le territoire de Champagney, dépendant de la Seigneurie de Passavant, appartenant au chapitre de Lure, et dans la Seigneurie de Ronchamp, appartenant aux barons de même nom, à la charge par lesdits barons de payer annuellement, à compter du 1er janvier 1784, la somme de 600 livres aux habitants et communauté de Ronchamp, pour leur tenir lieu d'indemnité des dégradations qu'ils ont essuyées par l'exploitation de ces mines, si mieux ils n'aiment faire évaluer les dommages à dire d'experts de gré à gré ou nommés d'office; comme aussi à la charge par ledit chapitre de Lure et les barons de Ronchamp de dédommager préalablement à l'amiable ou à dire d'experts convenus ou nommés d'office par le sous-intendant et commissaire départi en la province de Franche-Comté, conformément à l'article 11 du règlement de 1744, les propriétaires des terrains qu'ils pourront endommager par leurs travaux; de loger, entretenir et instruire un élève de l'École des Mines, lorsque Sa Majesté jugera à propos d'en envoyer un sur ladite exploitation, d'adresser tous les ans l'état de leurs travaux, l'exposé des difficultés qu'ils auront éprouvées pour les établir, les moyens qu'ils ont employés, et de ceux qui se seront distingués en annonçant le plus de talent; à défaut de quoi ladite concession sera et demeurera révoquée en vertu du présent arrêt, et sans qu'il en soit besoin d'autre à cet effet. Ordonne Sa Majesté que les entrepreneurs et ouvriers desdites mines jouiront des privilèges et exemptions accordés aux mineurs par lesdits déclarations, arrêts et règlements relatés en l'arrêt du conseil du 11 juillet 1728, évoque Sa Majesté à soi et à son conseil les contestations nées et à naître pour raison de l'exploitation desdites mines et icelles circonstances et dépendances; a renvoyé et renvoie par-devant ledit sieur Intendant et commissaire départi et en la province de Franche-Comté pour les juger en première instance et, sauf l'appel au conseil, lui attribuant à cet effet toute cour et juridiction qu'elle interdit à ses autres Cours et juges. »

Cet arrêt est plus explicite que celui de 1763 en ce qui concerne les droits du propriétaire de la surface; il refuse à ce dernier toute indemnité pour le charbon extrait sous son sol; il ne lui accorde des indemnités que pour les dégradations et dommages causés à sa propriété; c'est le droit régulier pur pour la houille comme pour les mines métalliques.

L'obligation par le permissionnaire de loger, entretenir et instruire un élève de l'École des Mines, qui venait d'être créée, s'il est jugé à propos, de même que celle d'envoyer chaque année un rapport sur l'état des travaux, les difficultés éprouvées, etc., affirme le droit de surveillance de la part de l'État, ce dont il n'est pas question dans l'arrêt de 1763.

Les abbés de Lure et les barons de Ronchamp continuèrent l'exploitation tant dans le bois de l'Étançon, situé sur le territoire de Ronchamp, que dans celui de Chevanel, situé sur le territoire de Champagney; ces deux bois, dont le premier appartenait à la communauté de Ronchamp, et le second au chapitre de Lure, se touchaient d'ailleurs et n'étaient séparés, au sud-est, que par un ravin formant limite entre les deux territoires de Ronchamp et de Champagney.

L'arrêt de 1784, de même d'ailleurs que celui de 1763, a eu le tort de ne pas nettement définir l'étendue ou les limites de la concession accordée; ce qui donna lieu à une série de contestations, de mémoires, de rapports, qui n'obtinrent de solution définitive qu'en 1832.

L'arrêt de 1784 accordait-il la concession sur la totalité des territoires de Ronchamp et Champagney, comme le soutenaient le chapitre de Lure et les barons de Ronchamp, qui ajoutaient qu'à la rigueur on devait même y comprendre la terre de Passavant; ou bien la concession ne comprenait-elle sur le territoire de Champagney que le bois du Chevanel, et sur celui de Ronchamp que les terrains situés à l'est du ruisseau passant par le hameau de Mourière? Cette dernière interprétation reposait, d'un côté, sur les arrêts mêmes de 1763 et 1784, qui disaient : « *dans* le bois de Chevanel, *sur* le territoire de Champagney » et, d'un autre côté, sur les arrêts des 25 octobre 1766 et 24 septembre 1768, accordant au prince de Bauffremont permission d'exploiter pendant trente ans les terrains du hameau de Mourière, situés sur la rive droite du ruisseau traversant ce village.

Que l'arrêt de 1763 n'ait pas parlé de cette réserve, cela se conçoit, puisque la concession accordée au prince de Bauffremont est de 1766 ; mais on comprend moins pourquoi elle n'a pas été insérée dans celui de 1784 ; pourtant, on ne saurait conclure de ce silence que l'arrêt de 1766 ait été annulé par celui de 1784.

Dès 1785, les sieurs Priqueler et Tugnot demandèrent la permission d'ouvrir une carrière de houille dans le territoire de Champagney. Cette demande fut rejetée, et la lettre adressée le 26 décembre 1785 par l'intendant de la Franche-Comté à l'intendant des finances du royaume dit que la demande des sieurs Priqueler et Tugnot était à rejeter, non parce que le chapitre de Lure et les barons de Ronchamp avaient le privilège exclusif d'exploiter la houille sur toute l'étendue du territoire de Champagney, mais bien parce que les demandeurs, qui n'avaient pas trouvé de nouveaux filons de houille, voulaient s'entremettre dans les ouvertures faites par les concessionnaires, et leur proposaient une association pour exploiter en commun dans le surplus du territoire de Champagney, association qui n'aurait pas remédié au monopole dont le public était victime depuis l'époque où le chapitre de Lure et les barons de Ronchamp *s'étaient associés pour l'exploitation des deux houillères ouvertes sur les territoires de Champagney et de Ronchamp.*

Cette lettre établit que, dès 1785, l'administration interprétait l'arrêt de 1784 dans un sens opposé à celui des concessionnaires primitifs et de leurs successeurs.

Quoi qu'il en soit, le chapitre de Lure et les barons de Ronchamp continuèrent l'exploitation tant dans le bois de Chevanel que dans celui de l'Étançon, ces deux bois étant séparés par le bois communal de Champagney dit : la Terre-au-Saint.

On a peu de renseignements précis sur l'exploitation faite par le chapitre de Lure et les seigneurs de Ronchamp. Ils avaient fait une grande rigole d'écoulement souterraine de près de 1,200 mètres de longueur, et dont les eaux se déversaient, à l'Ouest, dans l'étang Fourchie. Cette rigole traversait les bois de l'Étançon, de la Terre-au-Saint et du Chevanel, et l'exploitation se faisait entre cette rigole et les affleurements de la couche de houille. Il ne paraît pas qu'il y eût des ouvertures au jour dans la Terre-au-Saint; celles-ci se trouvaient, d'un côté, dans l'Étançon, et de l'autre, dans le Chevanel, et dans chacun de ces bois se trouvait un dépôt de houille.

A la Révolution, les biens de l'abbaye de Lure, et avec eux le territoire de la seigneurie de Passavant devinrent une propriété nationale; quelque temps après (1792) il en fut de même de la seigneurie de Ronchamp, en exécution de la loi sur l'émigration, les familles d'Andlau, de Reynach et Ferrette ayant émigré. L'État devint donc propriétaire de la totalité de la concession accordée par l'arrêt de 1784, et il fit exploiter pendant quelques années pour son compte. Pendant la durée de cette exploitation par l'État, les travaux prirent, à ce qu'il paraît, une certaine importance dans le bois la Terre-au-Saint, appartenant à la commune de Champagney; aussi un arrêté de l'administration départementale du 25 germinal an VI fixa à 600 francs l'indemnité annuelle due à la commune de Champagney.

En 1801, les sieurs d'Andlau, de Reynach et de Ferrette furent réintégrés dans les droits et propriétés qui n'avaient pas été aliénés, et ils redevinrent propriétaires de la *moitié indivise* des houillères de Ronchamp et de Champagney, telles qu'elles étaient définies par l'arrêté de 1784. Un bail national fut fait en nivôse an IX, pour l'exploitation de ces mines au compte de l'État; mais il fut résilié bientôt. D'un autre côté, la moitié indivise appartenant à l'État fut affectée à la dotation de la Légion d'honneur, qui jugea avantageux d'affermer définitivement l'exploitation de la mine. Aussi le 28 germinal an XII, le chancelier de la Légion d'honneur afferma à un sieur Besson « les houillères de Ronchamp et de Champagney pour les dix-huit années qui restaient à s'écouler de la concession faite par arrêt du Conseil du 30 mars 1784, et accordées pour moitié au chapitre de Lure, aux droits duquel est la Légion d'honneur, et pour l'autre moitié aux ci-devants seigneurs de Ronchamp. » Le prix du bail a été fixé à 70,000 francs, par an, payables en deux termes égaux, moitié dans la caisse de la Légion d'honneur, l'autre moitié entre les mains de MM. d'Andlau, de Ferrette et de Reynach, concessionnaires ou leurs ayants droit.

En l'an XII, les travaux étaient encore compris, en grande partie, entre les affleurements et la grande rigole d'écoulement. L'exploitation se faisait par les galeries de la Colline, du Cheval et du Sentier, situées dans le bois du Chevanel, et par celles de Petit-Pierre, Basvent et Miget, ouvertes dans le bois de l'Étançon; il y avait enfin la galerie du Clocher, dans le bois de la Terre-au-Saint, mais celle-ci ne remontait pas au delà de l'exploitation par l'État, tandis que celles du Chevanel et de l'Étançon remontaient aux concessionnaires primitifs. Le sieur Besson exploita principalement l'aval pendage des galeries du Sentier et du Cheval.

En 1809, survint le décret qui transporta à la Caisse d'amortissement les biens immeubles de la Légion d'honneur, et qui en ordonna la vente, sauf leur remplacement en rentes sur l'État. Ainsi le sieur Besson, à partir de 1809, eut à payer à la Caisse d'amortissement la moitié du prix du bail que, jusque-là, il avait payé à la Légion d'honneur.

L'année suivante fut votée la loi du 21 avril 1810, qui, moyennant certaines conditions, transforma les concessions temporaires de la loi de 1791 en concessions perpétuelles. Il convient de dire ici que ni les anciens concessionnaires, ni les Domaines, ni la Légion d'honneur, ni la Caisse d'amortissement n'avaient fait aucune démarche pour faire régulariser la concession accordée par l'arrêt de 1784, conformément aux prescriptions des articles 4 et 26 de la loi de 1791; par suite, la concession devait être délimitée conformément aux articles 53 et suivants de la loi du 21 avril 1810.

La moitié indivise des mines de Ronchamp et Champagney devant être vendue, le préfet de la Haute-Saône, par arrêté du 23 juillet 1811, nomma le sieur Houry, ingénieur vérificateur du cadastre, ex-ingénieur des mines, à l'effet de procéder à l'expertise de la houillère de Ronchamp et Champagney pour la moitié qui appartenait à la Caisse d'amortissement, et d'en fixer la mise à prix, eu égard aux charges, clauses et conditions de la vente. Dans son rapport du 9 septembre 1811, le sieur Houry estime à 70,000 fr. le revenu net de la houillère; c'est le prix même du bail payé par le fermier Besson, et, comme il admet qu'un capitaliste doit retirer 10 pour 100 des fonds qu'il emploiera à cette acquisition, il propose de fixer à 350,000 fr.

la première mise à prix de la moitié afférente à la Caisse d'amortissement. L'administration des Domaines ne maintint pas ce chiffre de 350,000 francs, mais proposa celui de 420,000, en multipliant 35,000 non par 10, mais par douze, aux termes de l'article 105 de la loi du 5 ventôse, an XII. La moitié indivise de la mine fut donc mise à l'enchère, le 25 mai 1812, sur la première mise à prix de 420,000 francs; personne ne se présenta, et le 4 juin suivant, à une nouvelle adjudication, la moitié indivise de la mine échut à M. Daniel Dolfus Mieg, négociant à Mulhouse, pour le prix de 502,000 francs. M. Dolfus présenta pour caution son associé et solidairement obligé M. d'Andlau, ministre de l'intérieur du grand-duc de Bade et propriétaire déjà du quart de la houillère de Ronchamp et Champagney, comme représentant des anciens seigneurs de Ronchamp. La Société d'Andlau, Dolfus Mieg et Cie devint ainsi propriétaire de la totalité de la concession accordée par l'arrêt de 1784; elle parvint à résilier le bail avec le sieur Besson et entreprit l'exploitation pour son compte.

Restait à faire délimiter la concession, conformément à l'article 53 de la loi de 1810, mais la chose ne fut pas aisée et demanda bien du temps; elle ne fut résolue qu'après force controverses et production de mémoires.

Disons que dès 1811, c'est-à-dire avant la vente, on chercha à établir la redevance fixe à payer stipulée par l'article 34 de la loi de 1810; le préfet de la Haute-Saône, par arrêté du 3 juillet 1811, la fixa à 700 francs. Dans cet arrêté, on remarque l'énonciation suivante : « Comme il faut plus d'un mois pour faire l'arpentage légal, et que, par aperçu, on connaît les contenances de Champagney et de Ronchamp, qui *paraissent* être les limites prescrites par l'acte de concession, on en a fixé à 7,000 hectares ou 70 kilomètres carrés l'étendue approximative, sans l'avis de l'ingénieur des mines absent, vu l'urgence; et de là aussi la redevance fixe à raison de 10 francs par kilomètre, à 700 francs. »

L'année suivante, en 1812, fut produit un plan de la concession, limitée par des lignes droites s'étendant depuis Malbouhans, à l'Ouest, jusqu'à Chaux-lès-Belfort, à l'Est, et comprenant une superficie de 88 kilomètres carrés et 50 hectares, s'étendant bien au delà des limites des communes de

Ronchamp et de Champagney, et comprenant, entre autres, les terres de Passavant; ce plan était trop fantaisiste et ne concordait nullement avec l'arrêt de 1784. En 1813, fut dressé un nouveau plan donnant cette fois les limites exactes des territoires des communes de Ronchamp et Champagney; il porte la mention suivante : « L'ingénieur en chef des mines soussigné certifie avoir vérifié les limites des deux communes de Ronchamp et de Champagney et les avoir trouvées conformes à celles exprimées dans le présent plan, et que l'étendue des terrains qu'elle renferme est un peu moindre que 60 kilomètres. — Champagney, le 25 octobre 1813. — Signé : de Rozière. »

Comme on voit, l'ingénieur en chef n'a rien certifié concernant les limites de la concession, néanmoins les propriétaires, le plan en main, se sont pourvus en Conseil de préfecture en décharge proportionnelle, et un arrêté du 14 juillet 1820 stipule que la cote des directeurs de la mine de houille, portée au rôle de la contribution des mines de l'an 1819 à 808 fr. 50, tant en principal qu'en centimes additionnels, est réduite à 693 francs, et qu'à partir de 1820 l'étendue superficielle des houillères sera réduite à 60 kilomètres carrés, au lieu de 70.

On voit qu'ici encore le Conseil de préfecture de la Haute-Saône admettait que la concession houillère s'étendait sur la totalité des territoires de Ronchamp et Champagney, mais cet arrêté ne pouvait remplacer la délimitation prescrite par l'article 53 de la loi de 1810.

Les concessionnaires avaient transmis au ministre une expédition du plan de 1813, et ils croyaient ainsi avoir satisfait aux prescriptions de la loi de 1810. Ils admettaient que les mines de houille de Ronchamp et Champagney s'étendaient sur la totalité des deux territoires des deux communes de Ronchamp et Champagney, sans en excepter aucune partie.

Ils s'appuyaient d'abord sur l'arrêt de 1784, qu'ils interprétaient en disant que si le bois du Chevanel est cité dans cet arrêt, ce n'est que comme endroit où la mine a été découverte, et non pas comme lieu de la mine concédée sur le territoire de Champagney, et que, par suite, la mine comprenait tout le territoire de Champagney, comme cela est stipulé pour Ronchamp. Nous avons cité plus haut le texte exact : permission d'exploiter exclusivement à tous autres les mines de charbon découvertes et à découvrir *dans* le bois de Chevanel, *sur* le territoire de Champagney dépendant de la seigneurie de Passavant, appartenant au chapitre de Lure, et *dans* la seigneurie de Ronchamp.

D'autres, car il se présenta bientôt des demandeurs en concurrence, s'appuyant sur la répétition du mot *dans* pour le Chevanel et la seigneurie de Ronchamp, tandis que « territoire de Champagney » est précédé du mot *sur*, en conclurent que la mine, sur le territoire de Champagney, ne comprenait que le Chevanel, et que si le territoire de Champagney est cité, ce n'est que comme indication, pour dire que le Chevanel est situé sur le territoire de Champagney, mais appartient au chapitre de Lure.

Pour assigner aux mines de Ronchamp et Champagney la totalité des territoires des deux communes, MM. d'Andlau et Dolfus Mieg s'appuyaient également sur la vente du 4 juin 1812, vu que l'expert Houry, en estimant à 70,000 francs le revenu net de la mine, avait admis expressément que la mine s'étendait sur la totalité des deux territoires, et que c'est ce revenu net ainsi déterminé qui avait servi de base à la première mise à prix. D'un autre côté, « la mine, disaient-ils, a été vendue telle qu'elle existe, se comporte, ou doit se comporter » ; or, lors de la vente, la mine s'étendait pour la plus grande partie sur la Terre-au-Saint, territoire de Champagney, et appartenant à la commune ; par conséquent, la mine comprenait également tout le territoire de Champagney comme elle comprenait celui de Ronchamp. Pour apprécier ces considérations, voici les clauses, charges et conditions principales de l'adjudication :

« Article 1er. — La moitié des houillères de Champagney et Ronchamp, appartenant en toute propriété à la Caisse d'amortissement, ensuite de la cession que lui en a faite la Légion d'honneur, en vertu du décret impérial du 28 février 1809 ; ladite moitié est vendue franche et quitte de toutes dettes et hypothèques. Les acquéreurs seront subrogés à la Caisse dans tous les droits comme ils seront tenus de toutes les charges inhérentes à la propriété. En conséquence, ils jouiront, pour l'exploitation de ladite propriété, de toute l'étendue du territoire dont les précédents possesseurs (le chapitre de Lure), l'Administration des domaines et la Légion d'honneur ont eu, et dont la Caisse d'amortissement a le droit de jouir, sans en rien excepter, sauf les déclarations prescrites par la loi.

Article 2. — En conséquence de ce qui est dit à l'article 1er, les adjudicataires se conformeront, comme aurait dû le faire la Caisse elle-même, aux dispositions diverses de la loi du 21 avril 1810, notamment en ce qui concerne les charges et redevances auxquelles elle assujettit les propriétés de l'espèce. Ils exécuteront les lois et règlements sans pouvoir s'en dispenser en raison de l'origine de la propriété; la Caisse d'amortissement étant tenue, en sa qualité, des mêmes obligations que les propriétaires de mines en général.

Article 5. — Les adjudicataires prendront la propriété dans l'état où elle se trouve, telle qu'elle se comporte et doit se comporter sans pouvoir élever aucune répétition ni diminution de prix. La présente vente est faite d'ailleurs, sans garantie de mesure, consistance ni valeur, conformément aux lois.

De l'article 1er, il ressort clairement que l'État n'a entendu vendre que ce qui avait été concédé par l'arrêt de 1784, et on était ainsi ramené de nouveau à interpréter cet arrêt. D'un autre côté, l'article 5 stipule que la mine est vendue telle qu'elle se comporte; or, disaient MM. d'Andlau et Dolfus Mieg, la mine existe aujourd'hui principalement dans le bois communal dit : la Terre-au-Saint; donc ce bois fait partie de la concession, et par suite, l'État, en faisant ou laissant exploiter ses fermiers dans la Terre-au-Saint, a déjà interprété l'arrêt de 1784 dans le sens que la concession comprend tout le territoire de Champagney.

Quoi qu'il en soit, le 4 juin 1849, l'administration informa le préfet que de l'examen en Conseil général des pièces produites par MM. D'Andlau et Dolfus Mieg, il résultait :

1° Que les titres des anciennes concessions ne se trouvent au dossier, ni en original ni en expédition d'aucune espèce;

2° Que le contrat de vente de la moitié des mines, que ces concessions ont pour objet, ne spécifie nullement les limites dans lesquelles le droit d'exploitation a été cédé à MM. Dolfus Mieg.

3° Que l'article 2 des conditions particulières de ce contrat oblige l'acquéreur à l'exécution des formalités prescrites par la loi du 21 avril 1810, que c'est dans l'esprit de cet article que les pétitionnaires ont formé leur demande ;

4° Qu'il s'agit donc de faire exécuter à leur égard l'article 53 de la loi précitée, leurs concessions n'ayant point été délimitées et devant l'être pour constater définitivement les droits en résultant ;

5° Que rien ne constate, dans l'état actuel de l'affaire, que les limites des communes de Ronchamp et Champagney, telles qu'elles sont tracées sur les plans produits, coïncident avec les limites dans lesquelles les premiers concessionnaires ont obtenu la concession aujourd'hui transmise à MM. d'Andlau et Dolfus Mieg ; que cette coïncidence, si elle existe, ne peut être constatée que par l'enquête publique, opérée au moyen des affiches et publications voulues par la loi et par un rapport spécial sur cet objet de l'ingénieur des mines du département. Il invite, en conséquence, le préfet à faire procéder à cette enquête, et à se procurer une expédition authentique des titres originaux des concessions des mines de Ronchamp et Champagney.

Le préfet donna connaissance de cette lettre aux concessionnaires, qui lui transmirent une copie authentique de l'arrêt de 1784, et ajoutèrent qu'il n'était nullement question, de leur part, de demander une nouvelle délimitation de leur concession, puisque les limites en étaient suffisamment précisées dans leurs titres, lesquels énonçaient clairement que leur concession avait les mêmes limites que les territoires des deux communes de Ronchamp et Champagney, comprenant une étendue d'environ 60 kilomètres carrés.

L'administration, à la suite de cette communication, répondit au préfet, à la date du 13 octobre 1849 : « Quelques motifs que puissent alléguer aujourd'hui les concessionnaires, qui se sont d'abord portés d'eux-mêmes à demander la fixation des limites, il ne peut y avoir lieu de les admettre. Les expressions de l'acte de concession qui confère à l'abbaye de Lure et à MM. de Reynach et d'Andlau le droit d'exploiter les mines de houille par eux découvertes dans le bois dit de Chevanel, sur le territoire de Champagney, dépendant de la seigneurie de Passavant, et sur la seigneurie de Ronchamp, n'indiquent aucunes limites précises à l'espace concédé ; ainsi la lecture de ces actes ne peut que donner une nouvelle force aux motifs précédemment exposés ; et il y a lieu en conséquence de faire remplir les formalités énoncées dans la lettre du 4 juin dernier. »

Les concessionnaires, en transmettant le plan de 1813, n'admettaient pas qu'il pût y avoir lieu de dresser des affiches puisqu'ils n'entendaient pas excéder les limites des deux communes qui leur sont accordées par leurs titres, ajoutant que la pétition qu'ils avaient adressée à M. le préfet n'avait eu d'autre but que de faire ratifier par le gouvernement la concession existante ; qu'au surplus, cette ratification ne leur était même pas nécessaire, qu'elle résultait de plein droit des dispositions de la loi du 21 avril 1810, article 51.

Comme on le voit, les concessionnaires s'appuyaient toujours sur l'article 51, qui s'applique aux anciennes concessions pour lesquelles on avait exécuté la loi de 1791 ; pourtant rien n'avait été fait dans ce but ; mais il faut reconnaître que ce n'était pas la faute de MM. d'Andlau et Dolfus Mieg, mais bien celle des Domaines, de la Légion d'honneur et de la Caisse d'amortissement. Dans cette situation, les concessionnaires ne donnèrent plus aucune suite à leur demande ; ils s'occupèrent seulement à faire réduire la redevance fixe. Nous avons dit plus haut qu'un arrêté du Conseil de préfecture la réduisit à 600 francs en principal.

Les choses en restèrent là, lorsqu'en 1822 se produisit une demande en concession s'étendant sur le territoire de Champagney, à l'exception pourtant du bois de Chevanel.

M. Flammand, médecin à Lure, qui s'associa avec MM. Humann, Saglio, Gast et Blum, adressa, le 11 décembre 1821, une pétition au maire de Champagney pour obtenir la permission de faire des recherches dans les terrains appartenant à cette commune ; elle lui fut accordée, et l'autorisation fut approuvée par arrêté du préfet du 19 du même mois. Aux yeux de M. Flammand, la concession de MM. d'Andlau et Dolfus Mieg ne comprenait, sur le territoire de Champagney, que le bois du Chevanel, dont ces concessionnaires étaient propriétaires; il fit donc des recherches sur les autres points de la commune de Champagney, et il commença notamment un puits de recherche sur la Terre-au-Saint, au Nord des travaux d'exploitation de MM. d'Andlau et Dolfus Mieg.

Ces derniers en appelèrent au ministère de l'intérieur de la décision du préfet autorisant les recherches, et, dans un mémoire en date de juin 1822, ils concluent:

« Les recevoir appelants de l'ordonnance par laquelle M. le préfet de la Haute-Saône aurait accordé au sieur Flammand et à tous autres l'autorisation de faire des fouilles et extractions dans le territoire de Champagney;

« Leur donner acte de ce qu'ils sont pareillement opposants à toute demande de concession qui serait faite par ledit Flammand ou tous autres, de quelque portion que ce soit, des territoires de Champagney et de Ronchamp;

« Ordonner, au surplus, que, conformément à l'article 50 de la loi du 21 avril 1810, les exposants sont définitivement maintenus dans la propriété et possession *exclusive* du droit d'extraire la houille dans tout le territoire communal de Champagney, ainsi que dans celui de Ronchamp;

« Et qu'il n'y a pas lieu de procéder à aucune délimitation nouvelle de leur concession, les limites en étant toutes fixées par la circonscription donnée par le cadastre de ces deux territoires;

« Qu'en conséquence, le plan levé et certifié par l'ingénieur en chef le 21 octobre 1813, et dont 3 exemplaires ont été fournis à la préfecture, demeure approuvé pour être observé selon sa forme et teneur. »

Ces conclusions n'ont pas besoin de commentaires, et disent nettement que les concessionnaires n'entendent pas se soumettre à l'article 53 de la loi de 1810.

MM. Flammand et Cie répondirent à ces conclusions dans un mémoire assez détaillé, également adressé au ministre de l'intérieur; ils concluent :

« A ce qu'il plaise à Votre Excellence, sans avoir égard à l'opposition des sieurs Dolfus Mieg et d'Andlau, qui sera déclarée nulle et mal fondée;

« Maintenir l'arrêté rendu par M. le préfet de la Haute-Saône le 19 décembre 1821 ;

« Et, donnant suite à cet arrêté, passer outre à l'instruction de la demande en concession par eux formée ;

« Enfin, soumettre cette demande et les pièces justificatives à Sa Majesté, en son Conseil d'État, pour, sur le rapport spécial qui y sera fait par Votre Excellence, être rendue l'ordonnance royale leur accordant la concession qu'ils ont demandée. »

Dans la demande en concession adressée au préfet par M. Flammand, le 7 janvier 1822, ce dernier demandait qu'il plût au préfet ordonner que les concessionnaires de la mine dite de Ronchamp et Champagney justifie-raient de l'acte qui avait fixé les limites de la concession, et qu'il en serait délivré à l'exposant une expédition à ses frais; et, dans le cas où la fixation ne serait pas encore faite, M. le préfet la provoquerait lui-même, confor-mément à l'arrêt de concession, ainsi que le veut l'article 56 de la loi de 1810.

Cette demande fut communiquée aux concessionnaires pour y répondre; mais ils jugèrent que l'affaire présentait une question préjudicielle; que, comme acquéreurs nationaux, ils avaient, avant tout, à faire définir les effets de l'adjudication du 4 juin 1812. Ils crurent donc devoir s'adresser au conseil de préfecture, au lieu de suivre la marche indiquée par la lettre du 4 juin 1819, et ils firent citer devant le conseil de préfecture de la Haute-Saône le sieur Flammand et les autres adversaires, et ils conclurent à ce que « en interprétant, en tant que besoin, l'adjudication du 4 juin 1812, il fût déclaré que les adjudicataires avaient acquis la moitié indivise de la totalité des territoires exploitables de Champagney et de Ronchamp, à être maintenus dans la propriété et jouissance de cette totalité, avec dommages et intérêts. »

Après discussion contradictoire et avoir consulté officiellement le directeur des domaines, le conseil de préfecture rendit, le 13 juin 1823, l'arrêté suivant, longuement motivé :

Article premier. — L'adjudication du 4 juin 1812, passée à

MM. d'Andlau et Dolfus Mieg, de la moitié des houillères de Ronchamp et Champagney, confère aux acquéreurs le droit d'exploiter la mine dans la moitié de toute l'étendue des deux territoires de ces communes.

Article 2. — Les parties conservent tous leurs droits pour faire décider par qui il appartiendra sur l'étendue et la nature de la concession primitive des houillères.

Les sieurs Flammand et Cie attaquèrent cet arrêté devant le Conseil d'État, et, dans un mémoire en défense, de mars 1824, MM. d'Andlau et Dolfus Mieg conclurent « rejeter la requête des sieurs Flammand et consorts; ordonner que l'arrêté du 13 juin 1823 et l'adjudication du 4 juin 1812 conti-. nueront d'être exécutés selon leur forme et teneur, avec dépens et dommages-intérêts, à liquider par les juges compétents, sous la réserve de tous autres moyens et exceptions. »

Une ordonnance du 11 août 1824 rejeta la requête des sieurs Flammand et consorts, d'après le considérant suivant :

Considérant que les sieurs Flammand et consorts sont sans qualité et sans droit pour attaquer devant nous, en notre Conseil d'État, l'arrêté du conseil de préfecture du département de la Haute-Saône, du 13 juin 1823, interprétatif de l'acte de vente de la moitié des houillères de Champagney et de Ronchamp; lequel arrêté, en tant qu'il aurait préjugé la question de délimitation desdites houillères, ne pourrait être attaqué que par l'administration.

Mais, le 4 juin 1825, le ministre de la justice informa MM. d'Andlau et Dolfus Mieg que le ministre de l'intérieur avait fait un rapport au roi, en son Conseil d'État, tendant à l'annulation de l'arrêté du conseil de préfecture de la Haute-Saône du 13 juin 1823; que ce rapport a été envoyé au comité du contentieux du Conseil d'État, et que, s'ils croyaient devoir s'opposer à la proposition, ils pouvaient, dans les délais du règlement et par le ministère d'un avocat aux conseils, présenter leur défense au comité.

Cette proposition du ministre de l'intérieur avait été faite à la suite d'un avis de l'administration générale des mines, qui avait reconnu que

cet arrêté était contraire à la loi. Voici à quel propos intervint cet avis.
Nous avons indiqué plus haut que le prince de Bauffremont avait obtenu,
par arrêt du 25 octobre 1766, la permission d'exploiter la houille dans la
partie du territoire de Mourière située sur la rive droite du ruisseau traversant le village de ce nom, et que le sieur Grézely, propriétaire des verreries
de la Saulnaire, à Malbouhans, avait acquis, le 24 avril 1793, de la princesse
de Bauffremont, non seulement les domaines, mais encore les cens, dîmes,
lots et autres redevances qui dépendaient de ces domaines. La concession,
expirée en 1796, n'avait point été renouvelée par le sieur Grézely, par
suite d'arrangements qu'il avait faits avec les concessionnaires de Ronchamp.
Mais le 11 juin 1822, Grézely demanda la concession de la mine de houille
découverte par lui au territoire du village de Mourière, commune de Ronchamp, de celle-là même qu'il avait achetée à Mme de Bauffremont, et qui,
d'après l'arrêt du 24 septembre 1768, n'avait jamais été concédée aux seigneurs de Ronchamp. Cette demande fut soumise à l'enquête prescrite par
la loi de 1810, par arrêté du 24 décembre 1822, et c'est après l'enquête que
MM. d'Andlau et Dolfus Mieg y firent opposition, en se fondant sur l'arrêté
du conseil de préfecture du 13 juin 1823. Sur cette contestation, le préfet
de la Haute-Saône proposa, par arrêté du 8 octobre 1824, de surseoir à
l'instruction de la demande du sieur Grézely et de renvoyer devant les tri-
bunaux. C'est cette contestation qui appela l'attention de l'administration
et du conseil général des mines sur l'arrêté du 13 juin 1823. MM. d'Andlau
et Dolfus Mieg adressèrent un premier mémoire, en défense, au Conseil
d'État, le 25 novembre 1825, et une réplique le 13 avril 1826, contre l'administration générale des mines. Ils conclurent nécessairement au maintien
de l'arrêté du 13 juin 1823, et pour ce qui concerne l'administration des
mines, son intervention, disent-ils, doit se borner à déterminer les limites
des territoires des deux communes de Ronchamp et de Champagney.

Enfin, le 19 juillet 1826, fut rendue l'ordonnance royale qui mit fin à
ces débats et discussions, qui duraient depuis 1812; elle est ainsi conçue :

« Considérant que la moitié de la houillère dont il s'agit a été aliénée
dans l'état où elle se trouvait lors de ladite vente, et telle qu'en avaient joui

4

et avaient droit d'en jouir, sans en rien excepter, la caisse d'amortissement et ses précédents possesseurs, mais sans désignation de limites, et à la charge par l'acquéreur de se conformer aux dispositions de la loi du 21 avril 1810 ;

« Considérant que le Conseil de préfecture, en assignant pour limites à l'exploitation de la moitié de ladite houillère le territoire entier des deux communes de Ronchamp et de Champagney, a puisé les moyens de son interprétation ailleurs que dans les actes qui ont consommé la vente, et, par conséquent, a excédé ses pouvoirs ;

« Article premier. — L'arrêté du Conseil de préfecture du département de la Haute-Saône du 13 juin 1823 est annulé ;

« Il est déclaré qu'il a été vendu aux sieurs Dolfus et consorts, par procès-verbal d'adjudication du 4 juin 1812, la moitié des houillères de Champagney et Ronchamp, dans l'état où ladite moitié se trouvait, et telle qu'elle se comportait et devait se comporter et avec la faculté de jouir, pour l'exploitation de ladite propriété, de toute l'étendue de territoire dont les précédents possesseurs (le chapitre de Lure), l'administration des domaines et la Légion d'honneur avaient eu, et dont la Caisse d'amortissement avait le droit de jouir sans en rien excepter, et à la charge d'exécuter la loi sur les mines du 21 avril 1810.

« Les sieurs Dolfus et consorts sont renvoyés devant l'administration des Mines, pour y faire reconnaître et déterminer l'étendue de leurs droits, conformément à la présente déclaration ainsi qu'aux règles prescrites par les articles 53 et 56 de la loi du 21 avril 1810. »

Le service des mines fit dresser immédiatement, par le sieur Dodelier, géomètre à Lure, un plan des deux communes de Ronchamp et Champagney, avec indication des ouvertures au jour des travaux, et dans leurs rapports des 8 janvier et 7 mars 1827, les ingénieurs des mines proposèrent une délimitation qui amena une réponse de la part des propriétaires de la houillère. Ce n'est que le 20 mai 1828 que furent prescrites les affiches et publications pour la délimitation ; et dans l'affiche il est dit que MM. d'Andlau, Dolfus Mieg et Cie demandent, conformément à l'article 53 de la loi du 24 avril 1810, un titre régulier de concession pour leur mine, et que la délimitation définitive de leur concession comprenne toute la surface des communes de Ronchamp et de Champagney :

Voici quels étaient les principaux travaux en activité en 1828 :

Toute l'exploitation était encore concentrée dans le pendage partant des affleurements et aboutissant au dérangement qu'on a appelé plus tard le grand soulèvement. Le gîte houiller, dans ces parages, se composait de deux couches. La première, la plus voisine de la surface, est la seule qui ait été exploitée d'une manière suivie; elle incline vers le sud sous un angle de 18° à 25°; sa puissance moyenne peut être évaluée $2^m,50$, dont 50 à 70 centimètres de 2 à 3 barres de schistes et grès houillers. Près des affleurements, notamment dans le bois de Chevanel, cette couche a une puissance plus considérable, qui aurait atteint 6 mètres en plusieurs endroits ; elle paraissait d'ailleurs diminuer d'épaisseur à mesure qu'on s'enfonçait dans la profondeur. A 15 à 16 mètres au-dessous de la première couche, on a rencontré en quelques points une deuxième couche de houille de qualité médiocre, de $1^m,25$ de puissance, dont 30 à 35 centimètres sont à défalquer pour barres de schistes et de grès; cette couche repose immédiatement sur le terrain de transition. Tout le terrain houiller, dans ces parages, est affecté pour un grand nombre de dérangements, dont les uns sont des failles, tandis que d'autres, qu'on a désignés sous le nom de *crains*, paraissent avoir été produits par des soulèvements et affaissements du toit ou des renflements du mur, lesquels auraient écrasé ou fait disparaître la houille aux points où ils existent.

Les concessionnaires précédents avaient ouvert sur la ligne d'affleurements une série de galeries : à l'est, dans le bois de Chevanel, les galeries de la Colline et du Cheval et du Sentier; au centre, dans le bois de la Terre-au-Saint, celle du Clocher; et dans le bois de l'Étançon, à l'ouest, les galeries Basvent et Migette; de plus, une grande rigole d'écoulement, de 1,200 mètres de long, avait été foncée sur toute la longueur des travaux; elle amenait les eaux de la mine dans l'étang Fourchie, situé à l'extrémité ouest des travaux.

Jusqu'en 1808, l'exploitation ne descendait pas au-dessous de cette rigole d'écoulement; ce n'est qu'à partir de cette époque qu'on exploita en descenderie, sauf à élever l'eau dans la rigole d'écoulement au moyen de pompes. Ces travaux étaient séparés par des crains qui en constituaient autant de mines distinctes; ces crains n'étaient traversés que par de rares galeries. Ainsi à l'est, les travaux de la galerie du Cheval étaient séparés de ceux du Clocher et du Sentier par un crain passant près de l'entrée de la galerie du Cheval, et dirigé nord-ouest-sud-est. De même, les travaux du Clocher et du Sentier étaient séparés de ceux de Basvent par un autre crain de même direction passant près de l'entrée de la galerie du Clocher. Ces trois centres d'exploitation venaient buter, dans le sens du pendage, contre un dérangement transversal. Au midi de la mine de Basvent et au delà du dérangement transversal avait été foncé, dès 1810, le puits Saint-Louis, qui arriva à la première couche de houille à la profondeur de 90 mètres; il fut approfondi sous stock jusqu'à 135 mètres, dans le terrain de transition. La première couche avait été suivie en fonçage avec trois niveaux d'accrochage et des galeries d'allongement y étaient ouvertes à chaque niveau.

A l'ouest du Basvent et à 140 mètres environ au sud-ouest de l'orifice de la rigole d'écoulement, fut foncé, en 1824, le puits Samson, qui, à la profondeur de 18 mètres, rencontra la première couche avec une puissance de $1^m,30$, et une exploitation y fut installée. En 1824 et 1825, au sud des travaux du Cheval et du Clocher, les concessionnaires avaient foré deux sondages sur la lisière méridionale du bois de Chevanel, distants de 500 mètres l'un de l'autre : le premier, vers l'est, a recoupé, à la profondeur de $141^m,63$, deux couches, l'une de 1^m50 d'épaisseur et la seconde de $0^m,50$ centimètres; le sondage vers l'ouest est entré à $162^m,40$ dans le terrain de transition sans avoir rencontré la houille. En 1825, les concessionnaires foncèrent à 150 mètres au nord-est du premier sondage le puits n° 1, qui recoupa, en 1827, à 147 mètres de profondeur, une couche divisée en deux par une barre de grès de 90 centimètres d'épaisseur, le banc supérieur, de 1 mètre, de puissance moyenne, et le banc inférieur de 35 centimètres. Des galeries d'allongement et des tailles y furent ouvertes. En

même temps, à 100 mètres à l'ouest du second sondage, on fonça le puits n° 2,
qui, à 116 mètres, rencontra une veine de schiste houiller de 0^m,70, renfermant
un lit de houille terreuse de 8 centimètres d'épaisseur. On y fit quelques
travaux de reconnaissance qui ne donnèrent pas de grands résultats, et ce
n'est que plus tard, dans l'allongement vers l'ouest, du côté du puits Saint-
Louis, dont le n° 2 était éloigné de 700 mètres, qu'on put installer des
tailles d'exploitation. La distance entre les puits n° 1 et 2 était de 740 mètres ;
mais à cause des nombreux dérangements, les travaux de ces deux puits ne
se sont jamais rejoints.

Dans les anciens travaux du Cheval, du Clocher et de Basvent, il y
avait encore bien des dépilages à faire : au Cheval, on y procéda à l'aide de
la galerie du Cheval, du puits du Chevanel et des deux puits n°s 3 et 4,
ouverts au nord de la grande rigole d'écoulement, où il existait encore
beaucoup de houille, mais où des éboulements considérables s'étaient produits en 1812 et 1813.

Dans les travaux du Clocher et du Sentier, le dépilage se faisait au
moyen du puits intérieur Xavier et des deux galeries ; enfin, dans les
travaux du Basvent, le puits Henri IV et le puits Saint-Louis servaient pour
l'extraction.

Dans les anciens travaux, on n'avait pas suivi de méthode d'exploitation
bien arrêtée, au moins les renseignements manquent à ce sujet, et, d'un
autre côté, les nombreux éboulements qui sont survenus dans ces travaux
tendent à prouver que, quel que fût le mode d'exploitation employé, il était
assez incomplet. Depuis que MM. Dolfus Mieg et d'Andlau avaient repris
l'exploitation, on y introduisit deux modes d'abatage. Dans les couches
puissantes, donnant peu de stérile, comme l'était en général la première
veine, on ouvrait des tailles en direction sur le fonçage en descenderie,
ou, comme on disait, en vallée. Les tailles avaient 3 à 4 mètres de large, et,
au milieu de la taille, au fur et à mesure de l'avancement, on élevait une
cloison, soit en pierres, soit en briques, pour le passage du courant d'air,
qui arrivait ainsi toujours jusqu'au fond de taille. Entre deux tailles, on
réservait un massif longitudinal de 8 à 10 mètres d'épaisseur, qui devait

être repris plus tard par la même méthode. Dans les couches peu épaisses, ou qui donnaient beaucoup de stérile, comme l'était la première veine en quelques points, notamment à l'ouest des travaux sur Ronchamp, et comme l'était partout la deuxième veine, on employait ce qu'on appelait à cette époque la méthode liégeoise, c'est-à-dire des tailles d'abatage suivant l'inclinaison de la couche, en remblayant derrière soi et ne conservant que le passage pour l'air et le roulage; c'est ce qui se pratique encore aujourd'hui dans le même cas, et qu'on appelle aujourd'hui les tailles chassantes.

Les eaux des mines étaient élevées au moyen d'un grand nombre de pompes à bras, jusqu'au niveau de la grande rigole d'écoulement, pour les travaux de moyenne profondeur; et pour ceux plus profonds, des pompes à bras élevaient l'eau au niveau des fonds des puits qui les desservaient, d'où elles étaient élevées au jour dans des bennes mues par des baritels à chevaux ou à bœufs. Deux puits seulement étaient dotés de machines à vapeur; le puits Saint-Louis, d'une machine de 10 chevaux, et le puits n° 1, d'une machine de 12 chevaux.

Le roulage, dans les chantiers et tailles, se faisait généralement à la brouette; arrivé dans les galeries de roulage ou les vallées à frein, le charbon était transbordé dans des wagonnets roulant sur une voie de fer et dont la capacité pouvait, suivant la mine, contenir de 150 à 500 kilos. Pour les charbons qu'il fallait sortir au jour par des puits, un nouveau transbordement avait lieu au pied du puits pour être chargé dans la benne. Ce n'est que vers 1831, et notamment au puits n° 1, que les wagonnets furent chargés sur des plateaux pour être amenés au jour.

L'aérage, dans les travaux anciens supérieurs, était fait au moyen des galeries de roulage, dans lesquelles on logeait un cor surmonté d'une cheminée. Dans les travaux inférieurs, un compartiment appelé royon était réservé dans le puits pour la remontée de l'air, et ce royon était surmonté d'une cheminée et d'un toc-feu. Jusqu'en 1824, le grisou ne s'était montré qu'accidentellement dans les travaux, et souvent, quand on avait affaire à un soufflard, on y mettait le feu; on travaillait partout avec des lampes à feu nu. Au commencement de 1824, un dégagement notable de grisou s'était formé dans un travail de reconnaissance au nord du puits Saint-Louis, dans le dérangement qui sépare Saint-Louis de Basvent; on avait pensé qu'on ferait sortir ce gaz en l'obligeant, au moyen d'un ventilateur et de tuyaux d'aérage, à se rendre dans les galeries de roulage où le courant d'air venant de Saint-Louis était très actif. Ce moyen n'eut pas le succès qu'on en attendait, et la presque totalité du gaz, en quittant le travail de reconnaissance, vint se loger à environ 50 mètres au nord du puits, dans un ouvrage abandonné depuis deux ans. C'est en ce point que l'explosion eut lieu le 10 avril 1824, soit que le gaz, en s'amassant, se soit étendu jusqu'à la galerie de roulage, où circulaient les ouvriers avec les lampes, soit qu'un ouvrier soit entré, avec sa lampe, dans les travaux abandonnés. L'explosion fut très violente et se fit sentir jusqu'à 800 mètres de distance ; un maître mineur et dix-neuf mineurs ou rouleurs ont péri, quinze autres ont été blessés plus ou moins grièvement. C'est à la suite de cet accident que l'administration prescrivit l'emploi des lampes de sûreté dans toutes les mines de Ronchamp et Champagney; mais, au début, on eut quelque peine à les faire accepter par les mineurs.

En 1827, les travaux de dépilage de la première couche du Cheval et du Clocher étaient déjà avancés, mais ils provoquèrent des mouvements de terrain jusqu'à la surface du sol; l'eau superficielle envahit les travaux, et les pompes devinrent insuffisantes pour les enlever. Les eaux du Cheval se déversaient dans la mine du Clocher, et les eaux réunies de ces deux mines se rendaient dans les travaux du puits Saint-Louis; et on prévoyait le moment où il serait impossible de les élever avec des bennes. On se décida alors à placer des barrages pour retenir les eaux dans ces travaux, qui seraient abandonnés. Un barrage placé dans le puits du Chevanel et un second construit dans le percement qui traverse le crain qui sépare le Cheval du Clocher isolèrent les eaux du Cheval, qui furent refoulées dans la rigole d'écoulement, supérieure de 17 mètres aux barrages. Trois autres barrages furent placés dans les percements traversant le crain qui sépare le Clocher des travaux de Bas-Vent et de Saint-Louis, afin de refouler également toute l'eau du Clocher dans la grande rigole d'écoulement; le plus bas de ces barrages avait une pression de 50 mètres d'eau à supporter.

Les eaux avaient fini par envahir les travaux de Saint-Louis, et la mine était noyée jusqu'à 13 mètres au-dessus de l'accrochage supérieur ; au printemps de 1828, il fut impossible de se rendre maître des eaux avec les bennes, et on se décida à installer dans le puits des pompes, et au jour une nouvelle machine à vapeur de 20 chevaux. Dès la fin de 1828, la mine de Saint-Louis fut dénoyée et les travaux furent repris ; mais, d'un autre côté, on abandonna définitivement les travaux du Cheval et du Clocher inférieurs à la rigole d'écoulement ; pourtant, il y restait encore à enlever plusieurs piliers de la première couche, et la seconde couche y était intacte.

La deuxième couche était exploitée principalement au puits Henri IV et dans la partie supérieure des travaux du Cheval et des travaux sous Ronchamp, aux environs du puits Petit-Pierre. Au puits Henri IV, la deuxième veine se trouvait à 13 mètres au-dessous de la première, mais à mesure qu'on se rapprochait du dérangement qui sépare Henri IV de Saint-Louis, cette distance diminuait, et les deux couches paraissaient se réunir en une seule le long de ce dérangement. Au puits Henri IV, la deuxième veine avait une puissance de $1^m,30$, mais elle était divisée par plusieurs lits de roche, et la houille exploitable n'avait guère que 80 centimètres d'épaisseur.

Telles étaient l'importance et la consistance des mines de Ronchamp et Champagney au moment de l'instruction de la demande en délimitation. Ajoutons pourtant qu'en 1825, les concessionnaires avaient fait un premier sondage sur le bord du chemin de Ronchamp à la houillère, sondage qui n'a donné aucun résultat ; et en second lieu le sondage X, à 800 mètres au sud-ouest du puits Saint-Louis, et qui, à la profondeur de $247^m,50$, traversa une couche de houille de $1^m,16$ d'épaisseur, dont 38 centimètres de grès et schiste houiller, et entra dans le terrain de transition à 280 mètres.

Pendant l'enquête, quatre oppositions furent notifiées.

La première, faite par M. Grézely, s'appuyant, d'un côté, sur sa demande en concession du mois de juin 1822, et d'un autre côté sur les droits d'exploitation qu'il avait acquis de la princesse de Bauffremont. Il avait d'ailleurs, disait-il, par ses travaux, en 1801 et 1822, découvert sur la banlieue de Mourière un gîte de houille exploitable, puissant de $0^m,75$.

Les trois autres furent faites par MM. Flammand et Cie, MM. Grézely, de Pourtalès et Cie, et par MM. Lanoir, Pezet et Cie. Ces trois Compagnies soutinrent que, sur le territoire de Champagney, la concession accordée en 1784 ne comprenait que le bois du Chevanel, qu'ils avaient fait des recherches sur ce territoire, et qu'ils demandaient de préférence la concession sur Champagney, le Chevanel excepté ; et que la demande de MM. d'Andlau et Cie, si elle était accueillie, établirait un monopole funeste à l'industrie.

Enfin, après une instruction assez longue, fut rendue, le 5 mai 1830, une ordonnance royale délimitant définitivement la concession des mines de houille de Ronchamp et Champagney. Cette ordonnance lui assigne une surface de 3,165 hectares. Le territoire de Champagney avait une surface de 3,729 hectares, d'après les plans, et celui de Ronchamp de 2,373 hectares : ensemble, 6,102 hectares ; l'ordonnance a donc diminué de 2,937 hectares la surface réclamée par MM. d'Andlau, Dolfus Mieg et Cie. D'un côté, elle a retranché, sur le territoire de Ronchamp, tous les terrains à l'ouest de Mourière, soit 428 hectares, tenant ainsi compte, en tant que besoin, de l'arrêt du 25 octobre 1766 ; de l'autre côté, du territoire de Champagney, elle a retranché au nord 768 hectares, comprenant presque uniquement des terrains de transition, et, au sud-est, 1,741 hectares, dont la plus grande partie s'étend au sud de la route de Paris à Bâle, qui forme vers l'est la limite méridionale de la concession.

La concession de houille demandée en 1822 par M. Grézely ne fut accordée que par ordonnance du 22 mai 1844 ; divers motifs avaient retardé cette solution. En premier lieu, le sieur Grézely, à la suite de l'ordonnance délimitant la concession de Ronchamp et de Champagney, modifia le péri-mètre de sa demande, qui fut également soumise aux affiches. L Administration, à la suite de l'enquête, décida qu'il y avait lieu de suspendre l'instruction de la demande jusqu'à ce que de nouveaux travaux aient constaté qu'il existe, dans le périmètre demandé, un gîte de houille utilement exploitable. Ce n'est que le 31 janvier 1839 que le sieur Grézely fils demanda qu'il fût donné suite à la demande de son père décédé; mais, dès le 7 mars de la même année, les sieurs Conrad et consorts demandèrent également une concession dans les mêmes terrains. Le sieur Grézely fils s'étant associé avec les sieurs Conrad et consorts, de nouvelles demandes furent présentées les 16 août et 20 octobre 1839. La superficie demandée en concession comprenait cette fois, non seulement les terrains de Ronchamp laissés disponibles par l'ordonnance du 5 mai 1830, mais encore des terrains des communes de Malbouhans et Saint-Barthélemy; il fallut procéder à de nouvelles affiches et à une nouvelle enquête.

L'ordonnance du 22 mai 1844 assigne à la concession de houille de Mourière une étendue superficielle de 625 hectares.

MM. d'Andlau et Dolfus Mieg continuèrent l'exploitation dans les travaux indiqués plus haut. Le puits Samson avait déjà été abandonné depuis quelques années, par suite de l'affluence considérable d'eau et de l'irrégularité de la couche de houille rencontrée. Le dépilage de la première couche était terminé en 1835, dans les travaux du Cheval et du Clocher, dans les parties qui n'avaient pas été noyées, de même que dans ceux du Basvent et Sous-Ronchamp; cette couche n'était plus exploitée que dans le puits Saint-Louis et le puits n° 1, et encore, dans ces travaux, le champ d'exploitation était-il circonscrit de tous côtés. Au puits n° 1, vers l'est, on était arrêté par l'étranglement du terrain houiller qui disparaissait entre le terrain de transition et le grès rouge; au sud, on était tombé sur le grand soulèvement; vers l'ouest, les recherches infructueuses du puits n° 2, et au nord le crain séparant le puits n° 1 des anciens travaux du Cheval limitaient les travaux d'exploitation. Il en était de même du puits Saint-Louis, dont les travaux étaient circonscrits au nord et au nord-ouest par les anciens travaux de Basvent et le crain les longeant; à l'est, par les recherches infructueuses du puits n° 2; au sud et au sud-ouest par le grand soulèvement.

L'exploitation de la deuxième veine au puits Henri IV et au puits Saint-Antoine touchait à sa fin au commencement de 1834; mais, depuis 1833, on avait ouvert une exploitation sur une troisième veine rencontrée par le puits Henri IV à cinq mètres au-dessous de la seconde, et d'une puissance de $1^m,80$, dont deux petits bancs de roche d'une épaisseur totale de 30 centimètres. Comme la deuxième veine, cette houille était de qualité médiocre, schisteuse et pyriteuse; la couche subissait les mêmes dérangements que la deuxième veine et avait un champ d'exploitation moins étendu; aussi tout travail fut abandonné dans cette couche fin 1835.

La deuxième couche était encore exploitée, au nord du puits Henri IV, par les galeries de la Cantine et de la Carrière; la couche y avait une puissance de $1^m,60$, dont $0^m,30$ de roche interposée; mais, ici encore, un champ d'exploitation très limité : au sud, les anciens travaux du puits Henri IV; au nord et à l'est les affleurements, et à l'ouest le soulèvement rencontré par le puits Samson, qui a mis les deux couches de houille presque en contact et les a fortement écrasées, de manière à les rendre inexploitables.

Enfin la deuxième veine était exploitée encore par le puits du Cheval, dans la partie tout à fait septentrionale des anciens travaux du Cheval; mais, ici encore, le champ d'exploitation était forcément peu étendu.

On admettait généralement que la deuxième couche existait sous toute l'étendue de l'aval pendage des mines du Cheval et du Clocher, où la première couche avait été exploitée et dépilée en partie; mais tous ces travaux étaient noyés, et pour pouvoir exploiter, au-dessous d'eux, la deuxième couche, qui n'en était séparée que par quelques mètres de roche fissurée, il fallait dénoyer les travaux supérieurs. On se rendit compte de la quantité d'eau qui affluait dans ces travaux, et on arriva à la conclusion que pour les assécher il fallait installer sur le puits n° 2 ou sur le puits Saint-Louis une nouvelle machine à vapeur de la force de 70 chevaux, et les concessionnaires reculèrent devant cette dépense.

Dès 1830, on avait reconnu la nécessité de faire de nouveaux travaux de reconnaissance pour assurer l'avenir de la mine : on fonça, à 1,200 mètres au sud du puits n° 1, dans le bois des Époisses, le puits n° 5, qui a été poussé jusqu'à 115 mètres; à 70 mètres, il était entré dans le terrain houiller, c'est-à-dire à une profondeur bien plus faible que ne le faisait supposer le pendage dans le puits n° 1, ce qui indiquait un soulèvement au sud du bois du Chevanel; à la profondeur de 110 mètres, le puits entra dans le terrain de transition sans avoir rencontré aucune couche de houille. Du côté de l'est, on fit une seconde recherche : à 300 mètres au nord de l'église de Champagney, un sondage traversa 110 mètres de grès rouge, après quoi il a été approfondi de 10 mètres dans une roche schisteuse, d'un gris bleuâtre, appartenant évidemment au schiste de transition. Devant l'insuccès des recherches à l'est, les concessionnaires se portèrent à l'ouest, et ils foncèrent en 1832 le puits n° 6, à 120 mètres environ au sud-ouest de l'ancien puits Samson. Ouvert dans le grès rouge, il est entré dans le terrain houiller à la profondeur de 44 mètres; ce dernier y était fortement relevé vers le nord. A 56 mètres, on a traversé une première couche de houille de mauvaise qualité; c'était de la grise houille qui avait 1 mètre de puissance. A 59 mètres, on a recoupé une deuxième couche de 2 mètres d'épaisseur, savoir : 1 mètre de bonne houille en haut, $0^m,40$ de schiste, et, dans le bas, $0^m,60$ de houille. Un sondage exécuté dans la galerie d'allongement occidentale fit même découvrir une troisième couche de 1 mètre de puissance.

Malgré cette richesse apparente, les dérangements nombreux, l'abondance du grisou et surtout la mauvaise qualité de la houille, et son impureté, qui était telle qu'elle ne donnait pas même un tiers du volume de la couche, firent abandonner l'exploitation vers 1836.

L'avenir de la mine se présentait d'une manière fort triste; la première couche, la seule qui produisait de la houille marchande, n'était plus exploitée qu'à l'est du puits Saint-Louis, entre ce puits et le puits n° 2, et il pouvait y avoir de la houille de dépilage pour quatre ou cinq ans. Le charbon de la deuxième veine était en général de qualité médiocre, et on en trouvait difficilement la vente, surtout depuis la concurrence des charbons de Saône-et-Loire et de la Loire arrivant par le canal du Rhône au Rhin; aussi songea-t-on à lui créer un débouché sur place, en construisant à Ronchamp une forge à l'anglaise, qui fut mise en feu en 1837. Les résultats ne furent pas heureux et l'usine fut mise en chômage dès 1839. Les concessionnaires renoncèrent à exploiter la deuxième couche et reprirent les dépilages de la première. Pour la première fois, ils songèrent à tenir compte des résultats du sondage x, qui avait traversé une couche de houille au sud du grand soulèvement, et, en 1839, ils commencèrent, à 380 mètres au nord-ouest de ce sondage, le puits n° 7, qui, fin juillet 1841, était arrivé à 115 mètres de profondeur constamment dans le grès rouge.

Mais, à cette époque, Mme Mieg, veuve de M. Daniel Dolfus, demanda la licitation des établissements de Ronchamp, et la mise à prix, réglée par un procès-verbal d'expertise homologué par le tribunal de Lure le 28 décembre 1841, fut fixée à 369,733 fr. 60. Dans cette expertise, aucune valeur n'était assignée à la concession, que les uns regardaient comme épuisée, tandis que d'autres admettaient que des massifs importants de houille avaient été cachés par des employés infidèles. Ainsi, la somme de 369,633 fr. 60 se décomposait comme suit :

Terres labourables, prés, bois du Chevanel et de l'Étançon . . . . .   108.890^f »
Mobilier industriel, matériel d'exploitation et machines à vapeur et
   autres de l'usine à fer.   103.157 40
Les bâtiments et les deux machines des puits Saint-Louis et n° 1 . .   157.586 20
                                                       —————
                                                    369.633^f 60

Une première adjudication eut lieu sans succès; dans une seconde, du 14 juin 1842, M. Demandre fut déclaré adjudicataire définitif pour la somme de 530,000 francs, non compris les frais accessoires se montant à 38,400 francs environ. Les nouveaux propriétaires commencèrent par épuiser les eaux des puits Saint-Louis, n° 6 et du Cheval, et on reconnut bien vite que de la première couche il ne restait dans ces travaux que quelques piliers isolés à prendre, et que les massifs importants qui devaient encore exister n'étaient qu'une invention. On ne songea pas à dénoyer les travaux du Cheval et du Clocher, qui avaient été noyés en 1827, et où il devait exister encore beaucoup de charbon de la première et surtout de la deuxième couche.

On reprit l'exploitation de la deuxième couche au puits du Cheval, mais son irrégularité et surtout la mauvaise qualité de la houille déterminèrent les propriétaires à faire des recherches, et, cette fois, en dehors des anciennes mines. Ils reprirent le fonçage du puits n° 7, et, en novembre 1843, ils reconnurent, à la profondeur de 169 mètres, l'existence de la houille sur le versant méridional du grand soulèvement, contre lequel étaient venus se heurter les travaux de l'ancienne houillère.

D'un autre côté, ils pratiquèrent, dans la plaine du Rahin, à 830 mètres au sud du puits Henri IV, un sondage qui, à la profondeur de 289^m,75, traversa une couche de houille de 2^m,97 d'épaisseur, dont 1^m,74 de houille pure. Ces deux résultats conduisirent les concessionnaires à abandonner l'ancienne houillère et à établir tous leurs travaux au sud du grand soulèvement. La société exploitante, constituée le 5 mai 1844 sous la raison sociale Demandre, Besançon et Cie, entreprit dans ce but, en septembre 1845, le fonçage d'un second puits : le puits Saint-Charles, à 120 mètres à l'aval pendage du puits n° 7, et qui, en avril 1849, rencontra la première couche de houille à la profondeur de 228^m,60, et fut approfondi jusqu'à 293 mètres.

Le puits n° 7 avait rencontré une première couche de 2^m,30, et on y ouvrit une galerie d'allongement et quelques chantiers ; à côté de la galerie et vers le sud, on fonça un puits intérieur qui recoupa une deuxième couche de 1^m,60 d'épaisseur, puis une troisième de 2^m,25 de puissance. En présence de ces résultats, MM. Demandre, Besançon et Cie demandèrent, dès le 31 octobre 1845, une modification du périmètre de la concession ; ils abandonnaient toute la partie nord de la concession sur une surface de 1,200 hectares, qui ne contenait que du terrain de transition, et ils demandèrent, en compensation, au sud de la limite de leur concession, une extension de 1,201 hectares. Cette demande fut affichée et instruite conformément à la loi du 21 avril 1810 ; et le 16 juillet 1852 intervint une décision ministérielle ajournant toute institution d'une nouvelle concession, dans le bassin de Ronchamp jusqu'à ce que l'existence d'un gîte houiller, dans les terrains demandés en concession, fût constatée.

D'un autre côté, MM. Patret et de Pruines et consorts, formant la société des recherches d'Éboulet, demandèrent, le 18 mars 1851, une concession s'étendant au sud de celle de Ronchamp et Champagney ; ils avaient commencé, à l'appui de leur demande, dès 1847, un sondage au nord du hameau d'Éboulet, et à 100 mètres environ au sud de la limite de la concession de Ronchamp. Ce sondage, poussé jusqu'à 502 mètres, aurait rencontré le terrain houiller à 457^m,70 et des indices de houille à 495 mètres ; mais cette reconnaissance a été jugée insuffisante pour procéder aux affiches de la demande en concession.

La société civile des houillères de Ronchamp succéda à la société Demandre, Besançon et Cie par acte du 10 mai 1854, et elle présenta une nouvelle demande en modification de périmètre en 1856, quand le puits Saint-Joseph, situé à 400 mètres au nord de la limite méridionale de la concession, avait rencontré la houille à la profondeur de 440 mètres ; elle pensait que cette découverte pouvait suffisamment établir la concessibilité des terrains situés au sud de la concession ; mais l'administration en jugea autrement, et aucune suite ne fut donnée à cette demande.

Néanmoins, déjà, la société s'était décidée à faire des recherches dans les terrains dont elle sollicitait la concession ; de même qu'elle entreprit d'autres reconnaissances dans l'intérieur du périmètre de sa concession.

Ainsi, dans l'intérieur de sa concession, en juin 1854, elle fonça le puits Sainte-Barbe à 882 mètres au sud-est du puits Saint-Charles ; ce puits rencontra en mai 1860, à 249 mètres, une couche de 1^m,60. Le puits Sainte-Pauline, commencé également en juin 1854, à 628 mètres au sud-sud-est de Sainte-Barbe, recoupa en octobre 1860, à 478^m,30, une couche de 2^m,50. Enfin, à 1,897 mètres au sud-est de Saint-Charles, on entreprit le puits Saint-Jean, qui, après quelques difficultés de fonçage, fut suspendu en octobre 1856 à la profondeur de 50 mètres, comme faisant double emploi avec celui de Sainte-Pauline.

Dans les terrains demandés en concession, la société de Ronchamp entreprit deux recherches ; le puits de l'Espérance, commencé en décembre 1855 et arrêté en juin 1858 à la profondeur de 103^m,40 sans avoir rencontré la houille ; il était situé à 600 mètres environ au sud de Sainte-Pauline qui, lui, n'était éloigné que de 100 mètres de la limite méridionale de la concession. Aussi, dès que la houille fut rencontrée dans le puits Sainte-

Pauline, la société y ouvrit des travaux et entre autres une descenderie vers le sud, en pleine couche, et la poussa jusque sous les terrains demandés en concession, où la houille fut constatée le 28 juin 1861, avec une puissance de 2 mètres à 2^m,20. La seconde recherche est le sondage du pré de la Cloche, commencé, en décembre 1855, à 1,772 mètres au sud-sud-ouest du puits Saint-Charles; à la profondeur de 648^m,86, il est entré le 22 juillet 1859 dans une couche de houille de 1^m,70 environ, dont un banc de grès de 0^m,50.

C'est à la suite du résultat du sondage du pré de la Cloche que la société de Ronchamp présenta de nouveau sa demande de modification de périmètre, le 25 août 1859. (Elle abandonnait 982 hectares au nord et demandait 900 hectares au sud.)

La société de recherches dite d'Éboulet n'hésita pas non plus à faire de nouvelles recherches, en s'appuyant sur les résultats qu'elle avait obtenus au sondage d'Éboulet. Dès le 14 décembre 1851, elle commença le fonçage d'un puits à grande section, dit Notre-Dame-d'Éboulet, à 495 mètres à l'est-sud-est du sondage d'Éboulet. Il fut poursuivi jusqu'à la profondeur de 230 mètres, et à partir de ce niveau on fonça dans l'intérieur du puits un sondage de 0^m,30 de diamètre qui rencontra, le 20 janvier 1858, à la profondeur de 495^m,54, une couche de houille dont on ne put reconnaître exactement la puissance, mais qui semblait être de 0^m,30 à 0^m,50. La Compagnie reprit alors activement le fonçage du puits, et, le 11 août 1859, ce dernier traversa à 501 mètres une couche de houille pure de 0^m,81 d'épaisseur; et, le 26 août suivant, la Compagnie d'Éboulet renouvela, en modifiant toutefois le périmètre, sa demande en concession du 18 mars 1851. Le nouveau périmètre demandé comprenait 2,243 hectares.

Les deux demandes de la Société des houillères de Ronchamp et de la société d'Éboulet furent soumises aux affiches et publications en même temps, le 12 octobre 1859, et après enquête et instruction furent rendus, le 4 juin 1862, deux décrets : le premier acceptant, d'un côté, la renonciation à la partie septentrionale de la concession de Ronchamp, sur 982 hectares, et ajoutant, d'un autre côté, à ladite concession, une étendue superficielle de 159 hectares, cette surface longeant au sud la route de Paris à Bâle sur environ 580 mètres; d'où pour la nouvelle concession de Ronchamp une superficie de 2,650 hectares. Cette contenance n'est pas d'accord avec la superficie de l'ancienne concession, telle qu'elle est énoncée dans l'ordonnance du 5 mai 1830; mais on a reconnu, avec les nouveaux plans du cadastre, que l'ancienne concession contenait réellement 3,473 hectares, au lieu de 3,165, comme le disait l'ordonnance de 1830.

Le second décret instituait la concession d'Éboulet, s'étendant au sud de celle de Ronchamp, et d'une contenance de 1,853 hectares.

Cette solution n'était sans doute pas à l'entière satisfaction de la société houillère de Ronchamp; elle n'ajoutait, en effet, qu'une bande de 250 mètres de large aux travaux d'aval pendage du puits Sainte-Pauline, qui n'était distant que de 100 mètres de l'ancienne limite méridionale de la concession; d'un autre côté, elle n'ajoutait rien à l'aval pendage des travaux de Saint-Joseph. Aussi la société de Ronchamp entra-t-elle en pourparlers avec celle d'Éboulet, et le 13 juillet 1864, les sociétés propriétaires des deux concessions présentèrent collectivement une demande à l'effet d'obtenir l'autorisation de réunir les deux concessions. Cette autorisation a été accordée par décret du 30 mai 1866, après l'accomplissement des mêmes formalités de publication et d'affiches que pour la demande en concession, et sous la condition de tenir en activité l'exploitation de chaque concession.

Depuis cette réunion, deux puits ont été foncés; l'un, celui du Chanois, dans le sud-ouest de la concession de Ronchamp, a rencontré une couche de houille à la profondeur de 559 mètres, le 15 février 1877; le second, à 700 mètres au sud du précédent, dans le nord-ouest de la concession d'Éboulet, a recoupé une couche de houille à la profondeur de 665 mètres, le 30 avril 1877. La couche du puits du Chanois est la deuxième couche du bassin de Ronchamp; mais la houille s'y présente divisée en un grand nombre de bancs séparés par des lits de schistes. Au puits du Magny, la première couche avait un peu plus d'un mètre, et la seconde $0^m,40$; ce sont la première couche et la couche intermédiaire du système de Ronchamp. Le puits du Chanois fut arrêté, dans le terrain de transition, à 588 mètres, et celui du Magny à 694 mètres, sans avoir rencontré d'autres couches de houille. Le second est en pleine exploitation; au premier, il n'y a que des travaux de recherches.

Nous devons citer encore deux autres puits : en mars 1864, la Compagnie commença le puits Sainte-Marie, à 1,400 mètres environ au nord-ouest du puits Saint-Charles, afin de reconnaître en direction, vers le nord-ouest, les couches de Saint-Charles. Ouvert dans le grès rouge, il entra dans le terrain houiller à 238 mètres, et à 305 mètres il recoupa une couche de houille de $0^m,60$; à 359 mètres, il entra dans le terrain dit de transition sans avoir rencontré d'autre couche de charbon. Relié aux travaux Saint-Charles par une galerie en direction, il sert de puits d'aérage à cette mine, ainsi qu'à celle de Saint-Joseph.

Le puits Saint-Georges, à 750 mètres au sud de Sainte-Pauline, commencé en 1866, rencontra la houille à 446 mètres de profondeur; il était tombé presque sur le sommet d'un soulèvement du terrain de transition. Des reconnaissances y ont été ouvertes vers le sud-ouest, et on y a reconnu l'existence de deux couches, l'une de $0^m,60$ et l'autre d'environ $0^m,40$, toutes deux constituées par un charbon dur, schisteux, ayant, en un mot, l'allure des veines de houille de Ronchamp au voisinage d'un dérangement. Depuis, au sud-ouest de Saint-Georges, à 700 mètres, on vient de commencer le puits Tonnet.

Enfin, la société de Ronchamp a l'intention de dénoyer les anciens travaux de la houillère, où il doit exister encore des massifs importants de charbon à enlever, dès que le canal projeté de Ronchamp à Montbéliard sera terminé.

Ainsi que nous l'avons dit plus haut, la mine de Mourière n'a été concédée qu'en 1844. Après des recherches nombreuses et peu satisfaisantes, une exploitation a été ouverte sur la rive droite du ruisseau des Gouttes, au nord-ouest et à 1 kilomètre du hameau de Mourière, à l'endroit dit le Culot de la Breuchotte, au moyen de deux galeries en direction, dont l'une débouchant au jour, et reliées par des montages. Dans ces travaux, on comptait jusqu'à trois à quatre couches de houille, mais dont une seule était exploitable; c'est la couche inférieure, dont l'épaisseur variait de $0^m,50$ à $0^m,75$, et même atteignait en certains points 1 mètre ; elle était pyriteuse et terreuse, et le charbon avait besoin d'être lavé avant de pouvoir être employé; son inclinaison ordinaire était de 15 à 20 degrés vers le sud-ouest.

Dans ces travaux, on rencontrait plusieurs crains qui étranglaient la couche et n'en laissaient subsister que des indices; ces crains, en général, à peu près parallèles entre eux et à la direction générale des couches, occupaient des largeurs de 10 à 15 et quelquefois 20 mètres ; au-dessus d'eux, les schistes du toit de la couche étaient luisants et polis par une cause que l'on ne saurait attribuer qu'au frottement.

En 1849, les concessionnaires commencèrent le fonçage d'un puits dit Puits de la Croix, à l'aval pendage et à une distance de 200 mètres de la galerie du Culot. Ce puits, ouvert dans le grès rouge, entra dans le terrain houiller à 25 mètres de profondeur, traversa plusieurs bancs de grès et schistes pyriteux avec veinules de houille, notamment à 40 et 50 mètres de profondeur. A 87 mètres, il entra dans une couche de $2^m,20$ de puissance, mais très chargée de schistes et de pyrites, et à $98^m,50$ dans une autre de 0 ,80 d'épaisseur renfermant quelques rognons de pyrite : c'était la couche même exploitée à la galerie du Culot, reposant sur le terrain de transition. Le puits fut relié avec le Culot par un montage, et des chantiers furent installés à droite et à gauche. Enfin, on ouvrit deux autres galeries, à partir des affleurements, supérieures à celle du Culot de 26 et de 38 mètres, dites Renaissance inférieure et Renaissance supérieure, et des chantiers y furent ouverts; mais dans ces travaux, d'ailleurs en communication avec ceux du Culot, les crains et dérangements étaient encore plus fréquents.

L'exploitation resta concentrée dans ces travaux, avec des arrêts, des suspensions plus ou moins longs jusqu'en 1872, où une Société dite Société nouvelle des houillères de Mourière, fit l'acquisition de cette mine. Elle releva l'ancienne galerie du Culot et rouvrit le puits de la Croix pour en tirer au moins la houille nécessaire à ses travaux, et entreprit immédia-

tement le fonçage d'un puits de recherches, le puits Saint-Paul, à
1,100 mètres au sud-est du puits de la Croix. Ouvert dans le grès rouge, à
la base du grès vosgien, il est entré dans le terrain houiller à 158 mètres,
et a été poussé, sans avoir rencontré de couche de houille, jusqu'à
236 mètres, où il a été arrêté sur un grès devant appartenir au terrain de
transition, et qui plongeait fortement vers le nord. Le puits était tombé
évidemment sur un soulèvement; après l'avoir approfondi de quelques
mètres, on poussa un travers bancs vers le nord, qui, sorti du terrain de
transition après 8 mètres, rentra dans des schistes et grès houillers boule-
versés, et puis dans des grès rayonnés de schistes noirs plongeant vers le
sud; cette galerie fut poussée jusqu'à 60 mètres sans recouper de couche
de houille. Une autre recherche, la galerie Saint-Louis, avait été ouverte à
600 mètres à l'ouest du hameau de Mourière et à 125 mètres environ au
sud de la ligne d'affleurements; elle devait reconnaître, vers l'est, la couche
du puits de la Croix, mais elle est entrée à 115 mètres dans les schistes de
transition. Après ces insuccès, toutes les recherches furent abandonnées,
et on se contenta de glaner dans les travaux du Culot pour extraire chaque
année 1,000 ou 2,000 tonnes de houille. Ce n'est que dans ces derniers
temps qu'on a repris les recherches au puits Saint-Paul; le travers bancs au
nord, continué, a recoupé à 125 mètres une couche de houille; de plus,
un travers bancs vers le sud a reconnu la même couche dans cette direction avec une épaisseur de 0^m,60 de charbon, divisé par des nerfs nombreux. Après l'avoir suivie en inclinaison, on est tombé sur un fond de
bateau, et, actuellement, on la poursuit le long d'un second soulèvement
situé au sud du premier, et paraissant lui être parallèle.

En 1873, la société nouvelle des mines de Mourière avait demandé une
extension de concession de 3,606 hectares, s'étendant à l'ouest et au sud-
ouest de celle de Mourière. Pour établir la concessibilité de l'extension,
la société creusa un sondage près du village de Malbouhans; cette
recherche entra dans le terrain de transition à la profondeur de 374 mètres,
après avoir traversé 5^m,50 d'alluvions, 70^m,15 de grès bigarré, 15^m,10 de
grès vosgien, 121^m,58 de grès rouge et 162^m,27 de terrain houiller,

mais sans rencontrer de couche de houille. La demande en extension fut abandonnée, et on renonça à toute recherche ultérieure, au moins jusqu'à présent.

Relevé des chiffres d'extraction des mines de houille de Ronchamp, Éboulet et Mourière.

ANNÉES.	RONCHAMP.	ÉBOULET.	MOURIÈRE.	ANNÉES.	RONCHAMP.	ÉBOULET.	MOURIÈRE.
1820....	13.780 80	»	»	1852....	44.532 10	»	1.488 60
1821....	18.725 »	»	»	1853....	61.834 20	»	1.419 40
1822....	21.547 »	»	»	1854....	60.823 20	»	2.036 65
1823....	22.287 20	»	»	1855....	59.095 50	»	2.240 10
1824....	28.026 60	»	»	1856....	55 720 70	»	2.453 76
1825....	36.210 40	»	»	1857....	45 827 40	»	2.555 69
1826....	32.561 »	»	»	1858....	64.883 60	»	1.305 88
1827....	31.134 80	»	»	1859....	64.842 10	»	2.098 40
1828....	23.469 10	»	»	1860....	65.369 10	»	3.084 55
1829....	19.557 40	»	»	1861 ...	152.281 50	9.589 50	1.661 20
1830....	14.743 70	»	»	1862....	157.668 90	6.505 20	382 44
1831....	10.054 20	»	»	1863....	152.927 50	15.971 80	442 50
1832....	10.745 70	»	»	1864....	180.026 80	25.013 »	441 90
1833....	16.414 40	»	»	1865....	181 195 10	41.400 »	589 25
1834....	20.391 90	»		1866....	157.664 »	49 350 »	1.093 20
1835....	11.355 20	«	»	1867....	168.443 50	33.495 80	358 75
1836....	2.839 20	»	»	1868....	180.336 50	33.785 40	»
1837....	6.244 20	»	»	1869....	177.728 50	35.547 10	»
1838....	6.536 »	»	»	1870....	162.851 50	29.963 40	»
1839....	7.190 »	»	»	1871....	137.374 77	13.927 45	»
1840....	15.544 30	»	»	1872....	175.984 39	31.093 95	»
1841....	11.500 »	»	»	1873....	194.181 90	7.822 02	890 »
1842....	2.791 70	»	»	1874....	194 873 54	9.666 12	2.417 80
1843....	8.336 20	»	»	1875....	189.969 75	12 026 15	2.760 50
1844....	10.490 70	»	»	1876....	189.899 21	8.591 44	1.152 70
1845....	15.134 »	»	»	1877...	160.421 26	24.535 20	700 »
1846....	15.965 »	»	»	1878....	157.273 83	24.260 15	1.140 »
1847....	21.487 50	»	336 70	1879....	122.378 25	40 764 27	1.001 »
1848....	21.981 20	»	757 60	1880....	130.200 27	56.305 05	588 »
1849....	56.314 40	»	354 40	1881....	111.515 56	66.893 80	200 »
1850....	67.331 »	»	638 20	1882....	103.813 90	95.787 41	210 »
1851....	55.159 20	»	1.115 60				

Nous terminons l'historique en donnant l'extraction annuelle de chacune des concessions, depuis 1820, pour celle de Ronchamp, et depuis leur institution pour les deux autres. Pour ce qui concerne la production de Ronchamp avant 1820, nous n'avons trouvé que des renseignements incomplets. Du procès-verbal d'expertise du 6 août 1811, dressé pour la mise en adjudication de la houillère, il résulterait qu'en 1801 la production a été de 3,689,8 tonnes; en 1803, de 5,103,2 tonnes, et en 1804, de 6,259,2 tonnes; en 1806, 8,750,7 tonnes; en 1807, 9,742,8 tonnes; en 1808, 9,707,4 tonnes; en 1809, 15,000 tonnes, et en 1810, 17,500 tonnes. C'est tout ce que nous avons pu trouver pour l'époque antérieure à 1820.

DESCRIPTION

Le terrain houiller de Ronchamp repose sur une puissante formation du terrain désigné communément dans la contrée sous le nom de terrain de transition.

Ce terrain forme une bande de largeur variable s'appuyant sur les massifs granitiques et syénitiques qui constituent la petite chaîne des Vosges, s'étendant depuis Massevaux, au sud-est, jusqu'à Plombières au nord-ouest, et dont les principales sommités sont les ballons d'Alsace et de Servance. Ce dépôt contourne, d'ailleurs, cette chaîne vers l'est, et s'étend vers le nord au pied oriental de la grande chaîne des Vosges jusque dans le département du Haut-Rhin.

La largeur du dépôt est variable, et pour ne nous occuper ici que de ce qui concerne les environs du bassin de Ronchamp, dans la vallée du Rahin qui, un peu à l'est de Champagney, remonte vers le nord, elle est de 11 à 12 kilomètres; dans celle de la Savoureuse, elle ne dépasse pas 6 kilomètres; enfin, à la hauteur de Ronchamp, elle atteint près de 13 kilomètres.

En suivant, vers l'est, la lisière méridionale de ce terrain, il s'en détache, vers Étuffont-le-Haut, une branche dirigée vers le sud-ouest, beaucoup plus étroite, mais qui se continue, sauf une lacune, sur une longueur de 28 kilomètres jusqu'à Saulnot (Haute-Saône). C'est dans le creux formé entre les deux branches du terrain de transition et s'ouvrant vers le sud-ouest, qu'une puissante formation de grès rouge s'est déposée, en laissant

apparaître entre lui et le terrain de transition des affleurements de terrain
houiller. Il y a même des indices d'affleurements sur le versant méridional
de la branche du sud, à Aujoutey, à Bourg et principalement dans la forêt
de l'Arsot, où on a tenté quelques recherches. Celles-ci n'ont fait découvrir
que quelques lentilles de houille de 2 à 3 mètres de diamètre et de 20 à
22 centimètres d'épaisseur; mais ces dépôts, le plus souvent, se réduisent à
des minces couches de 1 ou 2 centimètres.

Dans l'intérieur de la dépression, on a tenté quelques recherches à
Étuffont-le-Haut, à Chaux, aux Granges-Godey; mais là, les résultats ont
été complètement négatifs. Ce n'est qu'entre Ronchamp et Champagney, que
se trouve un affleurement de terrain houiller de 5 kilomètres de longueur
et d'une largeur moyenne de 350 mètres; il est intercalé entre le grand
massif de transition du nord et le grès rouge; c'est la découverte de la
houille dans ces affleurements, d'un côté dans les bois du Chevanel et de
l'Étançon, et de l'autre côté, près du hameau de Mourière, qui a été le point
de départ de l'exploitation du bassin de Ronchamp.

1. — Terrain de transition.

Au nord de l'affleurement du terrain houiller, entre Ronchamp et
Champagney, le terrain de transition est formé par un schiste distincte-
ment stratifié d'un vert bleuâtre ou d'un vert noirâtre, souvent onctueux
au toucher, avec intercalation de bancs et de lits d'un grès fin composé de
grains de quartz arrondis, cimentés par une pâte verdâtre. Il y a souvent
passage insensible du schiste au grès, ou grauwacke, par suite de l'abondance plus ou moins grande de grains de quartz, et d'une stratification
moins distincte. Le schiste et la pâte du grès sont formés par un feldspath
à silicate d'alumine, de potasse, et peu de chaux et de magnésie; on y voit
de plus quelques lamelles de mica. On retrouve ces schistes et grès avec
les mêmes caractères à Saint-Barthélemy, au Plaînet, à Champagney, à
Plancher-Bas, à Auxelles-Bas; à la sortie du tunnel de Noirmouchot, le

schiste a une couleur plus foncée et est plus dur, comme s'il avait subi une modification postérieure à son dépôt. La stratification de ces schistes est fort tourmentée près de Saint-Barthélemy; elle est de 110° avec un pendage de 70° vers le sud-ouest; au pont de Belonchamp, elle est de 135° avec pendage également vers le sud-ouest; au-dessus de Ronchamp, la direction est de 87°, avec pendage vers le sud-ouest. A l'est de Champagney, la direction est de 50°, avec une pente de 50° vers le nord-ouest, et enfin, à la bouche est du tunnel de Noirmouchot, elle est également de 50°, avec pente de 56° vers le nord-ouest. A la papeterie de Plancher-Bas, le schiste plonge de 24° vers le nord-ouest, tandis que près d'Auxelles-Bas, les couches sont voisines de l'horizontalité.

En remontant plus au nord, le terrain est toujours formé des mêmes roches, schistes et grès, mais le grès, au lieu d'être à grains fins, est souvent un conglomérat, la grauwacke, renfermant des galets de quartz, jusqu'à 7 ou 8 centimètres de diamètre, noyée dans une pâte verdâtre; de plus, toutes ces roches ont été profondément modifiées par l'irruption des porphyres et forment un véritable terrain métamorphique, qui constitue les ballons secondaires de Saint-Antoine, de la Planche des Belles-Filles, du mont Saint-Jean, de l'Ordon-Verrier, etc., et, plus à l'est, le Baerenkopf et le Rossberg. Quelques-uns de ces ballons atteignent presque la hauteur de ceux de Servance (1,204) et d'Alsace (1,256); ainsi la Planche des Belles-Filles a 1,150 mètres d'élévation au-dessus de la mer.

Il ne saurait entrer dans notre étude de faire une description détaillée de ces terrains métamorphiques, — elle a été faite, il y a déjà quelques années, par Delesse et MM. Kœchlin-Schlumberger et Parisot, — pas plus que de rechercher si ces porphyres sont venus au jour à l'état de fusion ignée ou à l'état de dissolution aqueuse à haute pression et à haute température; pourtant, à en juger par les altérations produites, la dernière hypothèse nous paraît la plus rationnelle; de plus, nous pensons que cette irruption, au moins pour l'un des porphyres, n'a pas été brusque et instantanée, mais bien lente et progressive. Nous ne retiendrons ici que ce que nous croyons pouvoir être utile à l'étude dont nous nous occupons.

Déjà Elie de Beaumont et Thirria avaient signalé dans les Vosges méridionales trois espèces de porphyre : le porphyre rouge quartzifère, le porphyre brun et le porphyre noir. Le premier ne joue aucun rôle apparent dans le terrain de transition en question, il se rapporte plutôt à la formation granitique.

Le porphyre brun est formé par les mêmes minéraux que la syénite; sa couleur varie du brun au vert sombre, il contient des cristaux d'albite et des grains d'amphibole, quelquefois des petites lamelles de mica; généralement, on n'y distingue pas de quartz libre. Souvent les cristaux d'albite et surtout l'amphibole y font défaut, et la roche passe au pétrosilex. D'autres fois, tant le porphyre que le pétrosilex passent à l'état de brèche et renferment des fragments de même composition, mais d'une nuance un peu différente. Le porphyre noir normal est composé de labrador et de pyroxène augite, et dont le type est le porphyre de Belfahy, analysé et examiné par Delesse. Les cristaux de labrador, sous forme de tables, ont quelquefois d'assez grandes dimensions; d'autres fois, ces cristaux sont très petits et la roche prend une structure homogène. Comme le porphyre brun, le porphyre noir se présente souvent à l'état de brèche; d'autres fois il est vacuolaire et passe au spilite. Le quartz libre fait défaut dans le porphyre noir; il ne s'y trouve qu'accidentellement, comme la chaux carbonatée dans le spilite; d'autres fois, il traverse la roche en minces filons.

Ce porphyre est à la rigueur un diabasophyre à structure ophitique; pourtant nous le désignerons par la suite sous le nom de mélaphyre, sous lequel il est généralement connu dans la contrée; il renferme quelquefois du fer titané avec enduit de sphène.

L'action métamorphique sur les schistes et les grauwackes du terrain de transition est due principalement au porphyre brun, qui y a développé, par une sorte de cémentation, des cristaux de feldspath, principalement dans les grès et grauwackes, plutôt que dans les schistes qui, sans doute, n'étaient pas assez acides pour se prêter facilement à cette transformation. Le porphyre brun doit être regardé comme contemporain du terrain de transition; ainsi que le dit Thirria, ces porphyres, tout en traversant le terrain de transition, ont pénétré dans les schistes auxquels ils se lient intimement, tant par une sorte de passage aux points de contact que par une apparence d'alternances.

Le porphyre noir est loin d'avoir produit les mêmes modifications dans les roches qu'il a traversées, et son action métamorphique est peu importante, sans doute à cause de la nature essentiellement basique des minéraux qui entrent dans la composition de cette roche, et aussi parce que l'éruption de ce porphyre est postérieure au terrain de transition qui était déjà consolidé quand les porphyres noirs l'ont traversé.

Le porphyre brun, avec ses actions métamorphiques, se rencontre principalement, d'après Thirria, à l'est de Belonchamp, et, d'un autre côté, il forme une grande boucle partant de Plancher-les-Mines, remontant vers le ballon d'Alsace pour revenir au Puix et se terminer vers Plancher-Bas. Le porphyre noir forme, de son côté, une longue suite de pointements informes, à travers le terrain de transition, au sud des massifs granitiques et syénitiques, jusqu'au delà de Faucogney à l'ouest; il paraît, de plus, en plusieurs points dans l'intérieur de la boucle du porphyre brun; enfin, au nord des affleurements du terrain houiller, il a traversé le terrain de transition en plusieurs points, au Plainet, au mont Chauveau et au nord de Mourière.

La saillie sud du terrain de transition que nous avons indiquée plus haut mérite une courte description : à partir d'Etuffont-le-Haut, elle se dirige vers le sud-ouest et n'est formée que de schistes et de grauwacke à grains fins jusqu'au mont Salbert, dont la cime atteint 650 mètres d'altitude. Dans toute cette bande, les couches font dos d'âne du nord-ouest au sud-est; de plus, en creusant pour les fondations du fort qu'on a construit au sommet du Salbert, on est tombé, d'après M. Parisot, sur un massif de mélaphyre; il est donc probable que toute cette bande a été soulevée, après son dépôt, par une éruption du porphyre noir. Le Salbert est traversé par de nombreux filons de quartz, et on y a même fait des recherches sur un filon de fer oligiste.

Au sud-ouest du Salbert, le terrain de transition disparaît sous des formations plus récentes, jusqu'à Chénebier, où il reparaît de nouveau pour continuer jusqu'à Malval, près de Saulnot. En remontant depuis Chagey, la vallée de la Luzine par la nouvelle route, on peut parfaitement se rendre compte de la composition et de la nature du terrain. En sortant de Chagey, on rencontre d'abord le grès bigarré, le grès vosgien, et bientôt le grès rouge, et notamment l'argilolithe bien caractérisée, et on suit ce grès jusque près du pont qui traverse la rivière de la Luzine, où il s'appuie sur les schistes anciens. A partir de là, l'escarpement à gauche de la route laisse voir un mélaphyre qui se continue sur environ 500 mètres. Ce mélaphyre est de couleur très foncée, avec petits cristaux de labrador verdâtre; on n'y voit pas de cristaux de pyroxène, en quelques points il est vacuolaire par suite de la disparition sans doute de la chaux carbonatée ou du quartz, et passe au spilite. Après, sur une vingtaine de mètres seulement, apparaît un grès dur, à grains serrés, les uns verdâtres, les autres d'un rouge jaunâtre. Ce grès est fissuré et se divise en parallélipipèdes encore difficiles à détacher les uns des autres, et dans leur intérieur, on voit souvent un noyau d'un blanc verdâtre qui paraît être formé par du feldspath albite grenu : cette roche est la grauwacke modifiée par le porphyre. Immédiatement après ce grès métamorphique, on tombe sur l'amas de calcaire qui a été déjà décrit par plusieurs auteurs. Ce calcaire, d'un gris foncé, est stratifié par bancs qui atteignent jusqu'à un mètre; entre ces bancs se rencontrent des druses de chaux carbonatée cristallisée en rhombes; il est relevé légèrement par le grès métamorphique; d'un autre côté, vers le nord, il a été comprimé par les schistes de transition le long desquels il prend une structure rubanée. Ce calcaire, qui se suit sur une longueur de près de 100 mètres, n'est pas modifié par les roches avec lesquelles il est en contact, il contient quelques traces d'encrines. A partir de ce calcaire jusqu'au petit ravin de la Frenotte, on trouve des alternances de schistes et de grauwackes, on aperçoit notamment trois bancs de 3 à 4 mètres de grauwacke qui font saillie sur la montagne, comme la crète d'un filon. Les deux premiers sont à grains assez fins, tandis que le troisième est un conglomérat à pâte verdâtre tachée de rouge, empâtant des galets de quartz en grande quantité et dont quelques-uns atteignent près d'un décimètre de longueur. Ces galets ne sont pas, en général,

arrondis, ce qui indiquerait qu'ils n'ont pas été charriés de bien loin.
Dans ce conglomérat, on rencontre quelques lamelles de mica blanc, des
fragments de schiste et, de plus, il est traversé par des veinules de quartz
en grains. Les schistes qui séparent les bancs de grauwacke sont assez
fissiles, leur couleur est d'un gris clair et devient souvent ocreuse; ils se
délitent facilement à l'air en petites tablettes. C'est dans ces schistes qu'on
a trouvé les fossiles qui ont permis de classer ces terrains dans le dévonien,
tels que *Phacops lœvis, Rhynchonella boloniensis, Pterinœa lineata, Spirifer
speciosus, Spirifer Verneuili, Productus subaculeatus,* etc.; dans le calcaire,
nous avons retrouvé des traces d'encrines. Arrivé au ravin de la Frenotte,
les schistes conservent leur direction nord-est-sud-ouest, avec un pendage
de 50 degrés vers le nord-ouest. La rive gauche du ravin présente un
escarpement assez abrupt, de 6 à 8 mètres de hauteur, au pied duquel
coule le ruisseau. Dans ce ruisseau affleurent des bancs d'un schiste
calcaire bitumineux, dont la direction et le pendage ne diffèrent pas de
ceux des schistes de la rive droite. On a fait des recherches dans ce ravin ;
on y a trouvé quelques veines d'une anthracite terreuse, mais de trop
peu d'importance pour pouvoir être utilisées. En remontant l'escarpement
vers le nord, on retombe, après quelques mètres, sur les schistes d'un
vert bleuâtre absolument analogues à ceux qu'on rencontre au tunnel de
Noirmouchot, et au nord de Champagney et de Ronchamp; mais ils sont
bientôt recouverts par le grès rouge. Dans le massif de transition qui
s'étend depuis Chénebier jusqu'à Malval on trouve d'ailleurs quelques épan-
chements de porphyre brun qui ont produit dans ces rochers les modifications analogues à celles de la bande septentrionale.

Il est difficile d'évaluer exactement l'épaisseur des terrains que nous
venons de décrire succinctement, mais la puissance dans la bande septentrionale, doit être de 2,500 mètres environ.

Thirria n'a donné aucun nom spécial au terrain de transition qui nous
occupe et ne l'a classé dans aucun des étages qu'aujourd'hui on distingue
dans ce terrain; il s'est contenté d'établir que l'éruption des porphyres
bruns est contemporaine de ce terrain de transition; et c'est Élie de Beau-

mont qui le premier, croyons-nous, a classé la formation du porphyre brun dans le dévonien. Les fossiles trouvés depuis près de Chagey ont confirmé cette hypothèse ; mais toute cette puissante formation appartient-elle uniquement au dévonien ? Il est difficile de se prononcer, faute de preuves suffisantes. M. Parisot cite un seul fossile, le *Caulopteris cœtoïdes*, qui aurait été trouvé à l'état erratique dans un ravin du Rossberg, dans un fragment de grauwacke ; cela ne suffit évidemment pas pour admettre qu'au Rossberg il y a du silurien, d'autant plus que d'après quelques au-teurs le *Caulopteris* n'a commencé à paraître que vers la fin du dévonien ; quant au cambrien, aucun observateur n'en a signalé l'existence dans les Vosges. Toute cette puissante formation a été classée ainsi en entier dans le dévonien jusqu'en 1854, où M. Jourdan, de Lyon, découvrit près de Plan-cher-les-Mines un gîte de fossiles appartenant, d'après M. Fournet, au car-bonifère inférieur. Plus tard, Schimper trouva dans la vallée de Thann et de Burbach des végétaux fossiles qui firent rattacher la grauwacke de Thann au carbonifère inférieur ; mais à Ronchamp, on n'a trouvé jusqu'à présent dans la grauwacke aucun fossile végétal, D'après ces nouvelles données, MM. Kœ-chlin-Schlumberger plaça tout le terrain de transition dans le carbonifère inférieur ; M. Parisot, au contraire, laissa dans le dévonien toute la bande méridionale, depuis Aujoutey jusqu'à Saulnot, et comprit toute la formation entre le grès rouge et les ballons d'Alsace et de Servance dans le carbonifère inférieur, en y faisant deux étages : 1° schistes ; 2° schistes métamorphiques.

Nous croyons devoir faire une observation générale sur ces terrains ; chacune des bandes nous paraît composée de deux formations de nature dif-férente. Quand on descend des grands ballons de Servance et d'Alsace vers le sud, les schistes et la grauwacke sont partout modifiés par le porphyre brun et parsemés de pointements de mélaphyres ; c'est la région des ballons secondaires : la Planche des Belles-Filles, le mont Saint-Antoine, le mont Saint-Jean, etc., et plus vers l'est le Bærenkopf et le Rossberg.

Au contraire, au sud d'une ligne passant par Auxelles-Bas, près le hameau du Mont, et allant longer le Raddon, en passant au sud de la Cha-vetraye, on ne rencontre plus les schistes et la grauwacke qu'à leur état

normal; on y retrouve des pointements de mélaphyres, mais non pas de porphyre brun, à moins que ce ne soit à l'état de blocs erratiques qui se sont
amassés en plusieurs points, notamment à la Chavetraye et à la Bouverie,
au nord de Champagney. Ainsi, au mont de Vanne, au Plainet, au mont
Chauveau, à Champagney, à Plancher-Bas, les schistes et grauwackes sont à
l'état normal; et même la grauwacke à gros grains y est rare et ne se trouve
guère qu'à la base de ce terrain; mais on y rencontre plusieurs pointements de mélaphyre. Cette roche n'a pas métamorphisé les schistes et grès;
dans le voisinage du mélaphyre, ceux-ci sont seulement un peu plus durs
et plus sonores, mais sans qu'il y ait eu un changement dans la composition ou production de nouveaux minéraux.

On peut également diviser en deux la bande méridionale : au sud du
ravin de la Frenotte, on retrouve les schistes et grauwackes métamorphiques avec le porphyre brun et le mélaphyre jusqu'à Saulnot; au nord-
est de la Frenotte, après une lacune, le terrain ancien continue en com-
mençant par le Salbert jusqu'à Aujoutay; mais partout, dans cette bande,
les schistes et les grauwackes sont à l'état normal, les couches y forment
le dos d'âne du Nord-ouest au Sud-est, et on n'y aperçoit ni porphyre brun
ni mélaphyre; pourtant, d'après M. Parisot, on aurait rencontré le mélaphyre au Salbert, en creusant pour les fondations du fort qu'on y a construit; on y aurait trouvé également des schistes bitumineux.

Dans le ravin de la Frenotte, sur le versant septentrional, on a fait,
comme nous l'avons dit, des recherches d'anthracite dans un calcschiste
noirâtre, veiné de petits filets de chaux carbonatée; au-dessus de ces calc-
schistes reparaissent les schistes et grauwackes analogues à ceux du Salbert, mais ils sont bientôt recouverts par le grès rouge; ces schistes y ont
une inclinaison de près de 50° vers le Nord-ouest. Partout, sous le terrain
houiller de Ronchamp, au fond des puits ou dans les grands travers bancs,
on a retrouvé ces mêmes schistes et grauwackes à l'état normal; ils reparaissent au Nord des affleurements houillers où ils plongent vers le Sud-
ouest, mais cette inclinaison est bientôt modifiée par les éruptions méla-
phyriques, et le terrain y est très tourmenté. Plus au Nord, dans la vallée

du Raddon, près du moulin du Magny, à Rondet, et enfin près de Ternuay, on a découvert des gîtes d'anthracite analogues à celui de la Frenotte, mais pas assez suivis pour être exploitables. Il nous semble qu'on peut conclure de là que toute cette formation qui, près de sa base, renferme des gîtes d'anthracite, passe sous le terrain houiller de Ronchamp pour se relever, d'un côté vers le Sud, au delà de Chénebier, dans le ravin de la Frenotte (de ce relèvement font partie le Salbert et les autres sommités entre cette montagne et Aujoutey) et, d'un autre côté, vers le Nord où il constitue le mont de Vanne, du Plainet et le mont Chauveau jusqu'à la vallée du Raddon. C'est ce terrain que nous avons indiqué sur notre carte géologique sous le nom de carbonifère inférieur ou culm. Il correspondrait à la grauwacke du Roannais de M. Grüner, ou plutôt à la subdivision calcaréoschisteuse de Régny. La limite nord de ce terrain, sur notre carte, est un peu approximative ; il est, en effet, bien difficile, dans ces contrées tourmentées et boisées, de tracer des limites bien exactes ; nous avons pris pour points de repère les traces d'anthracite, l'absence de porphyre brun, et la non altération des schistes et grès. M. Jourdan avait trouvé entre Plancher-les-Mines et le hameau du Mont, des fossiles appartenant au terrain carbonifère inférieur ; c'est là que, dans la vallée, il y a lieu de placer le commencement du culm. Quant à la limite sud, dans le ravin de la Frenotte, nous avons pris pour limite le versant sud du ravin, vu que sur ce versant les schistes sont absolument les mêmes que ceux situés plus au Sud et dans lesquels on a trouvé les fossiles qui ont fait classer ce terrain dans le dévonien. Ainsi, à partir de la Frenotte jusqu'à Saulnot, le terrain ancien est du dévonien modifié, et on y trouve le porphyre brun et le mélaphyre comme dans celui qui s'étend au nord du culm jusqu'aux ballons de Servance et d'Alsace. Pour nous, ces deux formations sont les mêmes, et sans doute elles se rejoignent au-dessous du culm.

Le culm, ou la formation anthracifère, serait ainsi l'étage supérieur de l'ancien dévonien d'Élie de Beaumont.

Le dévonien inférieur constitue un véritable tuf porphyrique sur de grandes surfaces, par suite des altérations que les nombreuses éruptions de porphyre brun ont produites dans les schistes et grauwackes, notamment sur les deux versants des vallées du Rahin et de la Savoureuse, et entre ces deux vallées. C'est dans ce terrain de porphyre brun que se trouvent les gîtes métallifères en filons de Plancher-les-Mines et de Giromagny, autrefois exploités pour plomb, cuivre et argent. On trouve encore quelques filons près de Fresse, à Ternuay et sur le versant nord-ouest du mont de Vanne; mais ils sont peu importants et n'ont pas été exploités d'une manière suivie comme les précédents. En général, ces filons ne se continuent pas dans le culm et paraissent appartenir exclusivement au terrain du porphyre brun. Le terrain de porphyre brun, de la Frenotte à Saulnot, est loin d'être riche en gîtes métallifères; on n'y trouve que des amas de minerai de fer: à Saulnot, un minerai de fer oxydé rouge, à gangue quartzeuse, avec petits cristaux de fer oligiste; à Coisevaux, on rencontre un amas de même nature, mais plus quartzeux et plus pauvre : l'exploitation de ces gîtes est abandonnée depuis longtemps.

L'éruption des porphyres bruns doit être regardée comme contemporaine du dévonien inférieur; quant au mélaphyre, son apparition au jour est postérieure au culm, puisqu'il traverse cette formation en plusieurs points.

La direction de la bande sud, d'Aujoutey à Saulnot, est exactement celle de Hundsrück. Quant à la bande nord, sa direction a été modifiée par l'éruption de la syénite; pourtant, celle des principales coulées de porphyre brun est encore orientée comme le Hundsrück.

Il en résulterait, d'après nous, que la syénite est postérieure au porphyre brun; comme venue au jour; mais nous pensons que la syénite était formée dans le laboratoire souterrain bien avant qu'elle ait été soulevée pour former les ballons d'Alsace et de Servance. Nous avons déjà fait observer que les minéraux constituant le porphyre brun sont les mêmes que ceux de la syénite ; la structure et la faible quantité relative de tel ou tel de ces minéraux, comme l'amphibole, par exemple, sont la seule différence. On dirait que ce porphyre brun n'est que l'écume ou la scorie, pour ainsi dire, provenant de l'appareil souterrain où s'élaborait la syénite. Cette dernière roche serait ainsi venu au jour quand déjà le porphyre brun était consolidé depuis longtemps ; et elle aurait été soulevée de dessous sa base en relevant autour d'elle le terrain de porphyre brun ; car ce dernier se rencontre au nord des ballons d'Alsace et de Servance, dans la vallée de Saint-Amarin, comme on le voit au sud de ces ballons dans les vallées de Giromagny et du Rahin.

L'étage du calcaire carbonifère fait complètement défaut dans le bassin de Ronchamp, et ce que nous désignons ici sous le nom de culm est l'étage anthracifère, inférieur à l'étage du calcaire carbonifère. Thirria, ainsi que M. Parisot, ont déjà indiqué que cet étage est en stratification discordante avec le terrain houiller proprement dit ; pourtant la pente, près des affleurements du terrain houiller, diffère, en général, peu pour les deux formations. Il y a donc eu une dislocation entre les deux dépôts ; nous ne pouvons l'attribuer qu'au soulèvement des syénites, qui, en perçant le terrain du porphyre brun, a, sur ses flancs, disloqué et relevé à la fois ce dernier et le culm, en donnant aux ballons secondaires à peu près leur relief actuel, de sorte que ce dernier était déjà dérangé quand le terrain houiller s'est déposé.

Ainsi il y a discordance entre le terrain houiller et le culm, tandis qu'il y a concordance entre ce dernier et le dévonien dans la vallée de la Frenotte ; ces trois dépôts ne se sont pas suivis sans doute immédiatement et il a pu exister entre eux un moment de calme sans dépôt. La concordance entre le culm et le dévonien n'est pas un motif suffisant pour ne faire de ces deux dépôts qu'une seule formation ; il y a une différence notable entre la composition des deux : d'un côté, les schistes et grauwackes à l'état normal, avec traces d'anthracites, mais absence de porphyre brun ; de l'autre côté, partout des roches métamorphiques avec porphyre brun et sans indice d'anthracite.

Nous arrivons ainsi à placer la dernière venue au jour des syénites entre l'étage anthracifère et le terrain houiller proprement dit de Ronchamp, et nous croyons ainsi être d'accord sur ce point avec Élie de Beaumont. De plus, toutes ces formations, y compris cette fois le terrain houiller, ont été de nouveau tourmentées par l'apparition des mélaphyres, que

nous regardons comme contemporains du terrain houiller. Ces soulèvement de mélaphyre ont pris, en général, la direction du soulèvement principal antérieur à côté duquel ils étaient placés, c'est-à-dire celle du système
des ballons, et ils ont imprimé la même direction à toute la partie septentrionale du bassin houiller de Ronchamp, qui se trouve ainsi orienté dans
son ensemble comme le système des ballons.

Dans le terrain de transition des vallées de Thann et de Burbach, on a
trouvé des végétaux fossiles, principalement des *Calamites radiatus,* des
Stigmaria ficoïdes, des *Knorria,* etc., etc., qui ont été examinés par M. Schimper; dans le culm de Ronchamp, aucune empreinte végétale n'a été trouvée
jusqu'à présent. Nous avions prié M. le Directeur de Ronchamp de faire
recommander aux ouvriers travaillant dans ces derniers temps dans le grand
travers bancs du Magny, ouvert dans le culm, d'appeler l'attention des ingénieurs sur la moindre découverte de ce genre : rien n'a été trouvé. Il est
d'ailleurs probable, d'après la description qu'en donne M. Koechlin, que le
culm de Thann n'appartient pas tout à fait au même sous-étage que celui
de Ronchamp.

Sur la Carte géologique, nous n'avons pas indiqué, dans le dévonien
proprement dit, les porphyres bruns et les mélaphyres; cela était un peu
en dehors de nos études et même des limites de la Carte, et aurait demandé
plus de temps que celui dont nous disposions ; nous n'avons indiqué que le
mélaphyre de Chagey, qui, croyons-nous, intéresse le terrain houiller.
Quant au culm, nous avons tracé tous les pointements de mélaphyre que
nous y connaissons.

II. — Grès rouge

Le grès rouge recouvre le terrain houiller proprement dit à stratification discordante, principalement par le fait que ce dernier a été disloqué
et dérangé pendant son dépôt par l'éruption des mélaphyres. L'épaisseur de
ce grès varie, et va en augmentant du nord au sud et de l'ouest à
l'est. Au sondage de Malbouhans, où il est recouvert par le grès des Vosges,

il a une épaisseur de 121^m,50; le puits Sainte-Marie est placé au pied de la montagne de la Chapelle-de-Ronchamp; son orifice est à l'altitude de 370^m,40, et le terrain houiller a été rencontré à celle de 149^m,10; d'un autre côté, ce grès s'élève dans ladite montagne jusqu'à l'altitude de 467 mètres, et il y est recouvert par le grès vosgien; le grès rouge a donc, en ce point, une épaisseur de 318 mètres.

Au puits du Magny, le terrain houiller a été rencontré à l'altitude de — 204 mètres; le puits est adossé contre la montagne du Chérimont, où le grès rouge, également recouvert par le grès vosgien, affleure à environ 40 mètres au-dessus de l'orifice du puits, c'est-à-dire à l'altitude de 400^m,54; l'épaisseur du grès rouge en ce point atteindrait donc 604 mètres environ. Vers l'est, dans le puits Sainte-Pauline, la puissance du grès rouge est de 420 mètres, et dans le puits Saint-Georges, de 442 mètres; ces deux chiffres sont des minimums, car ces puits sont ouverts dans le grès rouge, dont la partie supérieure a été emportée par l'érosion de la vallée du Rahin.

La formation du grès rouge comprend dans sa partie supérieure, les grès proprement dits entremêlés de bancs d'argile rouge, tandis que la partie inférieure est presque exclusivement formée par l'argilolithe.

Le grès est formé par une pâte ou un ciment argilo-siliceux fortement coloré en rouge par l'oxyde de fer, renfermant des grains de quartz et des petits cristaux de feldspath en partie décomposé.

Dans la partie supérieure, le grès est grossier, peu résistant par suite de l'abondance et de la grosseur des grains de quartz; la pâte est souvent colorée en noir par des taches d'oxyde de manganèse. La partie moyenne du grès est plus consistante et à grains plus fins; elle est souvent d'une couleur plus claire et un peu onctueuse.

En même temps, il passe souvent à un véritable poudingue et renferme des fragments de schiste de transition, de granite, de porphyres.

Tandis que, dans la partie supérieure, c'est le grès qui domine, l'argile rouge l'emporte dans la partie inférieure de cette formation; aussi, dans nos coupes, nous avons divisé en deux l'étage du grès rouge.

L'argilolithe est schisteuse, d'une couleur tantôt rouge amarante, d'autres fois verdâtre ou d'un gris bleu ; la pâte est généralement fine, quelquefois talcqueuse, et souvent on remarque des petits noyaux de chaux carbonatée. D'ailleurs, entre les couches d'argilolithes se trouvent intercalés quelques bancs de calcaires dolomitiques à cassure esquilleuse avec veinules de chaux carbonatée cristallisée, renfermant de petits cristaux de pyrite de fer. Les deux étages, le grès rouge et l'argilolithe, n'ont pas partout le même développement.

Au sondage de Malbouhans, l'argilolithe manque ; il en est de même au puits de la Croix ; au puits Saint-Charles, elle a une épaisseur de 101 mètres ; à Sainte-Marie, 130 mètres ; au puits Saint-Joseph, 126 mètres ; à Sainte-Pauline, 160 mètres ; à Saint-Georges, 114 mètres ; au puits d'Éboulet, 236 mètres ; au Chanois, 242 mètres, et au Magny, 209 mètres seulement. Il convient d'ajouter que ces deux derniers puits sont ouverts dans une argilolithe supérieure à l'étage des grès, et qui paraît avoir été enlevée plus au nord. Quand nous divisons la formation du grès rouge en deux étages, nous ne prétendons pas dire que l'étage du grès est uniquement composé de grès plus ou moins grossier ou fin, de même que celui de l'argilolithe uniquement d'argile ; dans le premier, il y a souvent de l'argile intercalée, de même que dans le second on trouve quelques bandes de grès ; pourtant, il est assez facile, en général, de trouver le point de séparation. Cette division a une certaine importance : évidemment l'argilolithe, composée de parties ténues, a dû se déposer dans un moment de calme, l'eau qui les amenait ayant peu de vitesse, et la surface de cette formation a dû être sensiblement horizontale au moment du dépôt ; entre ce dépôt et celui du grès, il n'y a eu aucun bouleversement, de manière à déformer sensiblement cette surface horizontale, et, en la comparant à la surface actuelle, on peut se rendre assez bien compte du mouvement qui s'est produit dans la masse depuis le dépôt de l'argilolithe. Dans les différents puits, la surface de l'argilolithe est actuellement, par rapport au niveau de la mer :

Au puits du Magny, de . .	5m 34	au-dessus de la mer.
— Saint-Georges	46 33	—
— Sainte-Pauline	112 50	—

Au puits de Chanois. . . 121^m,94 au-dessus de la mer.
 — Éboulet. . . 129 35 —
 — Saint-Joseph. 134 83 —
 — Saint-Charles. 278 32 —
 — Sainte-Barbe. 268 » —
 — Sainte-Marie. 280 40 —

Nous reviendrons plus loin sur les conséquences qu'on peut tirer de ces chiffres pour les dislocations qu'a subies le terrain houiller lors de son dépôt et depuis; nous en concluerons seulement, pour le moment, que la surface du terrain houiller n'était plus horizontale quand l'argilolithe s'est déposée, et que, par suite, il n'y a pas stratification concordante entre les deux formations, comme quelques auteurs l'ont dit, contrairement à ce qu'avait annoncé depuis longtemps Élie de Beaumont. Le grès recouvre tout l'intérieur des deux branches de terrain de transition que nous avons indiquées plus haut, et vers le sud-ouest, il disparaît sous des terrains plus récents. Il doit pourtant s'étendre souterrainement assez loin vers le nord-ouest, puisqu'un sondage fait à Luxeuil l'a rencontré. Il reparaît d'ailleurs plus au nord, au fond du val d'Ajol, à Bruyères et à Saint-Dié. Le long du bord méridional de la bande sud de terrain ancien, le grès rouge affleure également et continue vers le nord-est, le long du versant oriental des Vosges. L'orientation et la pente de ce terrain sont variables; aussi pour ne nous occuper que des grès recouvrant le terrain houiller, nous citerons les tranchées du chemin de fer de l'Est, où ce grès est orienté du N. 61° O. au S. 61° E., avec une inclinaison de 17° vers le sud-ouest. Au bas du hameau des Côtes, le grès plonge d'environ 18° vers 53° O. ; en avançant sur la route nationale vers l'est, la pente est de 20° vers le S. 34° O. A l'est du bois du Crochet, à 100^m au sud de la route nationale, le grès plonge de 10° vers le S. 10° E.; à 1,200 mètres au nord du clocher de Chénebier, la pente est de 4° vers l'E. 10° N. A l'est du vieux château d'Etobon, elle est de 50° vers O. 40° N.; au nord du clocher de Chénebier, le pendage est 14° vers le N. 15° E. Enfin, entre les bois du Chérimont et du Tonnet et ceux du Grand-Crochet et de la Grille, les pendages varient entre 10° et 20° vers le S. 10° O. En résumé, à l'ouest de Chénebier, le pendage est généralement vers le sud-

ouest, tandis qu'à partir de ce village il tourne vers le nord-est. Il y a donc
là l'indice d'un soulèvement.

Le grès rouge, dans l'intérieur de la boucle du terrain de transition,
est très accidenté et forme une série de mamelons à flancs rapides, mais
néanmoins sans escarpements, vu la nature détritique du grès, et dont
quelques-uns atteignent d'assez grandes hauteurs : à la ferme de Chérimont, 492 mètres ; au village du Ban, 480 ; près d'Étobon, 470 ; au nord de
Frahier, 438, et à Errevet, 427. Vers l'est, les vallées donnent naissance
aux ruisseaux des Noriandes, des Savoyards et de la Luzienne, tributaires
du Doubs, et vers l'ouest, aux ruisseaux le Faux et d'Éboulet, tributaires
de l'Ognon. L'argilolithe, à sa base, près du terrain houiller, renferme des
empreintes végétales analogues à celles du terrain houiller, notamment
*Pecopteris acuta, Alethopteris Serlii, Annularia stellata, Annularia radiata,
Asterophyllite tenuifolius* et *Calamites.*

Le grès rouge repose, à l'exception des endroits où il existe des affleurements houillers, soit sur le culm, soit sur le dévonien inférieur à stratification bien discordante ; mais, à notre avis, ce n'est pas l'effet d'une faille.
Le terrain ancien a partout été fortement tourmenté et redressé par l'éruption des porphyres, et même de la syénite, antérieurement au dépôt du
grès rouge.

Ainsi, au nord de Chagey, le terrain ancien plonge de 70° vers le sud-
est ; dans le ravin de la Frenotte, son inclinaison est de 50° vers le nord-ouest ;
sur le versant nord du Salbert il en est de même ; à l'extrémité orientale du
tunnel de Noirmouchot, elle est de 56° vers le sud-ouest ; à l'est de Champagney, la pente est de 50° vers le nord-ouest. En tous ces points, le grès
rouge s'est déposé au pied du terrain ancien avec une pente qui, aujourd'hui,
ne dépasse guère 12 à 15° et n'atteint qu'exceptionnellement 20 ou 25°. Le
grès rouge a dû se déposer horizontalement, et si aujourd'hui il a les pentes
indiquées ci-dessus, c'est par suite d'un mouvement postérieur qui a affecté
à la fois le terrain ancien et le grès rouge ; mais rien n'indique qu'à la séparation des deux terrains il y ait une cassure postérieure à leur dépôt, c'est-
à-dire une véritable faille qui ait amené cette discordance de stratification.

III. — Grès vosgien.

Le grès vosgien recouvre le grès rouge, en stratification concordante, à la montagne de la Chapelle-de-Ronchamp, à l'extrémité orientale du Chérimont, de même que sur le contrefort méridional du mont de Vanne, à Étobon, à Chalonvillars. En avançant vers le nord, sur le mont de Vanne, le grès vosgien repose d'abord sur le grès rouge, puis sur le terrain houiller, et enfin, directement sur le terrain de transition, jusque près du sommet du Plainet. Le même fait se représente sur le versant sud de la bande méridionale du terrain de transition, où le grès vosgien s'appuie vers le nord-est sur le grès rouge, tandis que, plus au sud-ouest, il recouvre directement le terrain de transition. Le grès vosgien s'est étendu ainsi sur une surface bien plus grande que le grès rouge; mais pour expliquer ce fait il n'est pas indispensable, il nous semble, d'admettre que, entre les deux dépôts, le sol des Vosges se soit abaissé tout d'une pièce, de 300 à 400 mètres par rapport au niveau de la mer; il suffit d'admettre que le dépôt du grès rouge n'atteignait pas la surface de l'eau; et cela est d'autant plus admissible que dans les contrées dont nous nous occupons, le grès vosgien n'a pas plus de 12 à 15 mètres d'épaisseur.

A Ronchamp, le grès rouge n'est formé que de débris du voisinage, et notamment de tufs porphyriques, tandis que l'uniformité de composition du vosgien sur une grande étendue et la présence des galets roulés prouvent que ces matériaux viennent de loin et que ce dépôt est dû à une cause plus générale. Cette cause est-elle le système des Pays-Bas, qui, sans faire sentir son effet dynamique sur les Vosges, y a néanmoins amené le courant charriant les éléments du grès vosgien, qui se sont accumulés principalement contre le massif ancien des Vosges, en s'élevant contre lui, comme le font encore aujourd'hui les sables et graviers des plages de la mer, pour former les dunes, quand on leur oppose un obstacle? Un courant d'eau assez fort aurait produit les mêmes effets que le vent pour les dunes.

Le grès vosgien ne renferme aucun débris ni animal ni végétal; ceci tend également à prouver que ce dépôt est dù à une perturbation assez violente.

Ce grès, à Ronchamp comme ailleurs, est composé de petits grains de quartz amorphes, réunis par un ciment ferrugineux; suivant le degré d'hydratation du fer, le ciment a une couleur rouge brique, ou violet, ou gris jaunâtre. Souvent ce ciment est peu abondant et la roche se désagrège facilement. D'un autre côté, il renferme presque toujours des galets de quartz arrondis, de couleur blanc grisâtre, ou d'un gris noirâtre; on y trouve rarement quelques paillettes de mica. Cette roche, par ses éléments, ressemble beaucoup à un dépôt qui serait formé au fond et près des bords d'une mer, longeant les terrains anciens quartzeux et qu'un cataclysme aurait ramené sur la terre ferme. La présence, dans ce grès, de petits grains quartzeux à facettes cristallines a été expliquée par M. Daubrée; elle peut être due également à des sources minérales; au surplus, des petits cristaux de quartz peuvent être transportés longtemps par l'eau sans perdre la netteté des arêtes; ils ont donc aussi pu être amenés de loin.

Ce grès, généralement peu consistant, n'est pas employé pour la construction; il ne renferme aucun gîte minéral dans les Vosges méridionales; tout au plus peut-on citer, d'après Thirria, une assise ferrugineuse de 5 à 25 centimètres qui existe en certains points, au contact du grès vosgien et des roches anciennes sur lesquelles il repose; en ces points, le ciment du grès est fortement imprégné de fer oligiste, mais toute exploitation est abandonnée depuis longtemps, à cause de la faible puissance du gîte et de la qualité réfractaire du minerai. Le grès vosgien, à l'exception de la pointe orientale, ne forme pas les sommités du Chérimont; sur son versant nord, il constitue des escarpements, recouverts par le grès bigarré, qui inclinent vers l'ouest, et arrivent près de Récologne au niveau de la vallée du Rahin. Sur le versant sud du Chérimont, ce grès n'apparaît qu'accidentellement, d'abord dans les deux ravins qui, réunis, forment le ruisseau de Clairegoutte; en ces points, le grès vosgien, enlevé dans les ravins et ne paraissant que sur les flancs, laisse apparaître au-dessous de lui le grès

9

rouge, qui forme deux îlots indiqués sur la Carte géologique; on retrouve le vosgien encore plus au sud dans les ravins des ruisseaux de Béverne et de Faux. Ce grès a dû recouvrir presque totalement le grès rouge dans la vallée du Rahin jusque près du Salbert; mais il y a été enlevé postérieurement par érosion, probablement à l'époque quaternaire, en laissant seulement des témoins de son ancienne présence, comme à la Chapelle-de-Ronchamp et à la montagne d'Étobon. Il en est de même sur le mont de Vanne et le Plainet, où le grès vosgien n'existe plus que par lambeaux; mais là, la dénudation doit être atribuée aux anciens glaciers; car tout le versant occidental du mont de Vanne est couvert de blocs erratiques de grès vosgien, grès rouge, porphyres, etc., et les plus gros se rencontrent au pied même du mont de Vanne, dans la vallée de Malbouhans.

IV. — Grès bigarré.

Dans la plaine de Malbouhans, le grès bigarré se voit en deux points, au pied ouest du contrefort du mont de Vanne, où il forme deux mamelons s'élevant au-dessus de cette plaine. Nous avons trouvé également un lambeau de ce grès encastré dans le grès vosgien sur l'extrémité sud du contrefort du mont de Vanne. Il recouvre le sommet et le versant méridional du Chérimont et il forme en outre une lisière continue tout le long du versant sud de la bande méridionale de terrain de transition, en s'appuyant sur le grès vosgien avec lequel il est en stratification concordante. L'épaisseur du grès bigarré, là où il est complet, paraît être de 80 mètres environ; le sondage de Malbouhans, ouvert dans les alluvions de la vallée de l'Ognon, l'a traversé sur 70 mètres; le sondage de Clairegoutte sur 80 mètres. La partie supérieure de cette formation comprend les argiles dites bariolées; cette argile est, en général, tendre, de couleur rouge, verte ou bleuâtre, renfermant souvent des paillettes de mica; quelquefois elle est arénacée, et d'autres fois, elle passe au grès schisteux; en quelques points, notamment à Clairegoutte, elle est exploitée par les briqueteries et tuileries; à Magny-

d'Anigon et à Genéchier, on y extrait du plâtre, et dans la première localité
on fabrique de la poterie avec les marnes grèseuses. Le grès bigarré proprement dit est formé par une agglomération de grains de quartz amorphes
cimentés par une pâte argileuse dans laquelle paraissent un grand nombre
de paillettes de mica jaunâtre; quand ce mica est aligné suivant une direction unique, le grès devient schisteux et présente, en général, peu de résis-
tance; dans le cas contraire, il devient tenace et donne de belles pierres
de taille, mais encore il faut savoir choisir, car souvent le grès dur
renferme des nids allongés de matières argileuses, qui, exposés à l'air et à
l'humidité, se délitent peu à peu et fissurent la pierre. La base du grès
bigarré est exploitée pour pierres de taille dans les belles carrières de
Clairegoutte; on en exploite également à Genéchier, mais principalement
pour moellons. Tout à fait à la base, le grès bigarré renferme quelquefois
des galets de quartz, comme le grès vosgien; c'est le passage à cette
dernière formation. Le grès bigarré doit être rangé parmi les formations littorales correspondant à un temps de calme. Il renferme d'ailleurs
peu de fossiles animaux, et dans les environs de Ronchamp il n'en a pas
été trouvé; par contre, à sa base, on rencontre souvent des végétaux fossiles, notamment des *Calamites* arénacées, dont nous avons vu de beaux
échantillons, ainsi que des fragments de bois Dicotylédones pétrifiés par
une argile ferrugineuse. Sur le versant sud du Chérimont, près de Clairegoutte, le grès bigarré plonge en moyenne de 10° vers le S. 65° à 70° O. Le
long de la bande sud du terrain de transition et sur le versant du midi, le
grès plonge, au contraire, de 10° à 15° vers le sud est. La crête du Chérimont est dirigée sud-est nord-ouest, et sépare la vallée de Ronchamp de
celle de Clairegoutte; mais elle incline fortement vers l'ouest, et près du
village de la Côte, elle atteint le niveau de la vallée du Rahin. Ronchamp
est à l'altitude de 348, Magny-d'Anigon à 317, et Clairegoutte à 327. Toute
la plaine ondulée de Clairegoutte est formée par le grès bigarré, jusqu'au
delà de Lomont, sauf les lisières de grès vosgien qui paraissent dans le fond
des ravins. Vers le sud-ouest, en approchant d'Andornay, on entre dans le
muschelkalk, dans lequel sont ouvertes plusieurs carrières, notamment une

à l'est du village de Palante, où les bancs calcaires inférieurs sont pétris d'*Encrinites liliformis*, tandis qu'à la partie supérieure se trouve une bande de marnes blanches un peu onctueuses. C'est le passage aux marnes irisées qui apparaissent au bas même du village de Palante; ce dernier terrain se continue jusqu'au Rahin et à l'Ognon, qui se réunissent près des Aynans. Près de là sont ouvertes les exploitations de lignite keupérien et de dissolution de sel marin de Gouhenaus. La vallée de L'Ognon est creusée dans une faille nettement accusée depuis Gouhenaus jusque dans le département du Doubs; elle place le keuper vis-à-vis du jurassique, et, tant par son âge que par son orientation, elle appartiendrait au système du mont Sény. En remontant la vallée vers le nord, il est difficile de suivre cette faille, à cause des larges alluvions de la vallée de l'Ognon, mais nous croyons qu'elle est la continuation de celle reconnue dans la plaine de Malbouhans, à l'ouest et au pied du mont de Vanne.

La bande de grès vosgien et de trias qui s'appuie sur le versant méridional du terrain ancien qui forme saillie depuis Aujoutey jusqu'à Saulnot se réunit à la précédente, à l'ouest de Saulnot, et vient également buter contre la faille de l'Ognon. Cette bande, vers le sud-est, est bientôt recouverte par le lias et puis par le jurassique; mais, tandis que le vosgien, le trias et même le lias n'apparaissent que par leurs tranches, le jurassique prend de la largeur et forme des plis, des ondulations. Là, commence le règne du système de la Côte-d'Or, de même, d'ailleurs, qu'à l'ouest de l'Ognon. Sans contester que ce système, qui ne diffère que de 40° environ de celui du Hundsrück, ait pu apporter des modifications dans le relief actuel de la bande de terrain ancien, nous croyons que son action s'est principalement bornée, par suite d'une pression latérale, à redresser un peu les couches du vosgien et du trias, et à donner plus de saillie à cette falaise, en la redressant en dos d'âne. Il existe d'ailleurs des failles dans la direction de ce système, au sud des montagnes de Roppe, du Salbert, et, plus à l'ouest, près de Mignavillers et de Vacheresse.

Le trias se continue vers le Nord-Ouest dans la Haute-Saône, et jusque dans la Haute-Marne, en s'appuyant sur le vosgien; mais, ce dernier s'enfonçant au Nord-Ouest de Bourbonne, le trias va rejoindre celui du département des Vosges. Cette bande, déjà en dehors des Vosges proprement dites, s'appuie sur les monts Faucilles, qui appartiennent au système de la Thuringe et non à celui de la Côte-d'Or.

Nous ne croyons pas devoir pousser plus loin la description des terrains, la période jurassique n'ayant, à notre avis, pu que redresser en masse la partie méridionale du dépôt houiller, y compris le culm et le dévonien métamorphique, ainsi que le permien et le trias.

V. — Terrain houiller.

Le terrain houiller de Ronchamp doit être divisé en deux étages bien distincts : l'étage supérieur, le plus riche en houille, uniquement exploité dans les concessions de Ronchamp et d'Éboulet, et l'étage inférieur, dans lequel une couche exploitable a été trouvée dans la concession de Mourière. Ces deux étages sont à stratification concordante, mais la nature des roches qui composent chacun d'eux diffère notablement de l'un à l'autre.

La puissance du terrain houiller diminue en général en allant du Nord-Ouest au Sud-Est; elle augmente du Nord-Est au Sud-Ouest, au moins dans l'étendue actuellement reconnue. La direction moyenne du terrain houiller est de 110° à 120° dans la partie supérieure des travaux de Ronchamp, notamment au puits Saint-Charles; en avançant vers le Sud, elle tend à se rapprocher peu à peu de la direction Ouest-Est; ainsi, dans le fond des travaux du Magny, la direction diffère très peu de la ligne est-ouest, et dans le grand travers bancs sud de ce puits, la direction s'infléchit déjà vers le Sud-Ouest Nord-Est, qui, d'après nous, est la véritable direction du dépôt du bassin de Ronchamp.

L'inclinaison du terrain houiller, en faisant abstraction, pour le moment, de dérangements qui la modifient sur certains points, va en diminuant du nord au sud. Dans les anciens travaux dits de la Houillère, elle atteignait jusqu'à 20°; à Saint-Charles, elle est de 17°, à Saint-Joseph, de 14°, à Sainte-Pauline de 13°; dans le fond des travaux de Magny, les couches, à l'est, s'approchent peu à peu de l'horizontale, et dans le grand travers bancs du sud, l'étage inférieur qu'on vient de rencontrer est horizontal, à peu de chose près ; on s'approcherait donc d'un fond de bateau du bassin de Ronchamp, comme le fait voir la coupe $a\,b\,c$ de la Carte géologique.

Pour se rendre compte le plus facilement de la composition du terrain houiller, les coupes les plus complètes sont celles du puits Sainte-Marie, du puits de la Croix et du sondage de Malbouhans, non pas que dans les travaux de Ronchamp et Éboulet l'étage inférieur n'existe pas, mais on avait admis jusqu'à ces derniers temps que la couche inférieure, ou deuxième couche de houille du système de Ronchamp, reposait presque directement sur le terrain appelé de transition, dont la partie supérieure était alors formée par un grès talqueux, désigné sous le nom de terrain blanc, mais qui est en réalité la tête de l'étage inférieur.

Dans le puits Sainte-Marie, le terrain houiller a été rencontré à la profondeur de 238^m,50 ; l'étage inférieur commence à la profondeur de 310 mètres par le grès talqueux blanc verdâtre pour s'arrêter à la profondeur de 356^m,60 sur le terrain anthracifère ; l'étage supérieur y a donc une épaisseur de 71^m,50, et l'étage inférieur de 46^m,60. Au puits de la Croix, le supérieur a 43 mètres et celui inférieur 30 mètres. Au sondage de Malbouhans, l'épaisseur de l'étage inférieur est de 71 mètres et celle du supérieur de 94 mètres. Ainsi, au puits de la Croix, le terrain houiller a bien moins d'épaisseur qu'aux deux recherches entre lesquelles il se trouve placé ; cela tient à deux causes : d'un côté, le puits de la Croix est situé plus au nord que le puits Sainte-Marie et le sondage de Malbouhans, et à Ronchamp, la puissance du terrain houiller va en diminuant à mesure qu'on se dirige vers le nord dans la direction des affleurements ; d'un autre côté, ce puits est situé sur l'axe du versant méridional du mont de Vanne, et le soulèvement de cette montagne, qui est postérieur au dépôt du terrain houiller, a dû étrangler le terrain.

Le puits Saint-Charles, le plus ancien des puits actuellement en exploitation, a été poussé, comme nous l'avons dit, jusqu'à l'étage anthracifère, dans lequel il est entré sur 24 mètres. Le terrain houiller a été rencontré à la profondeur de 176 mètres, et il a été traversé sur 94 mètres, dont 13 à 14 mètres appartiennent à l'étage inférieur.

Les roches qui composent l'étage supérieur n'offrent rien de particulier. Ce sont des schistes, des grès et des poudingues. Le grès houiller est formé par des grains de quartz hyalin, de feldspath cristallin en partie décomposé, cimentés par une pâte argileuse, d'une couleur bleuâtre, grisâtre ou rougeâtre. Souvent, principalement dans la partie ouest du terrain, le grès empâte des fragments de schiste de transition, de porphyre brun, de granulite, et quelquefois de calcaire, empruntés aux terrains environants, et passe au poudingue. A mesure qu'on avance du nord-ouest au sud-est, la puissance et le nombre de ces bancs de poudingues vont en diminuant, ce qui donne une indication sur la direction du courant qui a charrié tant les éléments des roches que la matière organisée devant former la houille. Le ciment de ce poudingue est toujours bitumineux et renferme souvent des veinules de houille.

Le schiste houiller alterne avec le grès; c'est une argile bitumineuse feuilletée, de couleur grise ou noire; les feuillets à surface luisante sont souvent contournés; ils sont tantôt minces, tantôt épais. Dans l'ancienne houillère de Ronchamp, près des affleurements, le schiste du toit de la première couche était alumineux, et, pendant quelque temps, les concessionnaires primitifs s'en servaient pour fabriquer de l'alun.

C'est dans ces schistes et principalement au toit des couches de houille que l'on trouve des végétaux fossiles dont les principaux sont : *Pecopteris dentata, arguta, polymorpha, cyathea, Calamites Suckowi, Cisti, Annularia radiata, sphenophylloïdes; Sphenophyllum oblongifolium, saxifragœfolium, Odondopteris Reichiana, Alethopteris Grandini, Cordaïtes foliolatus, microstachys,* etc.

Le pyrite de fer se présente fréquemment en nodules cristallisés tant dans la houille que dans les schistes; les pyrites sont surtout plus fréquentes près des dérangements et dans la partie supérieure du gîte; c'est ce qui avait donné lieu à la fabrication de l'alun.

Le fer carbonaté lithoïde se rencontre en rognons dans le schiste houiller; en 1827, ou en trouva un lit assez riche, et on en transmit trois

échantillons à Saint-Étienne, où l'analyse en fut faite par l'ingénieur Leboul-
langer. Il y trouva 0,0065 d'acide phosphorique, des indices de blende, de
galène et de cuivre gris; il en donna la composition suivante :

Alumine et oxyde noir de fer	49 50
Eau et acide carbonique	29 »
Résidu argileux	21 »
	99 50

Au grillage, la perte était de 29 0/0, et à l'essai, le minerai grillé
donnait 43 à 45 0/0 de fonte blanche, assez tenace, à cassure irrégulière.

Comme le font voir les coupes, l'étage supérieur contient, en général,
trois couches de houille, qui se réduisent en une seule dans les dérangements.

Les roches de l'étal inférieur diffèrent notamment de celles de l'étage
supérieur, et, en général, le feldspath y prédomine, et le talc, ou plutôt la
stéatite, y est abondante. Cet étage a été traversé, comme nous l'avons dit,
par les puits de la Croix et Sainte-Marie, et par le sondage de Malbouhans;
mais le puits de la Croix est comblé depuis une dizaine d'années; le puits
Sainte-Marie est muraillé; en ces points nous n'avons donc pu recueillir
des échantillons, et il faut s'en rapporter aux coupes, fig. 1, pl. III et aux
fig. 1 et 3, pl. VIII. Dans les concessions de Ronchamp et d'Éboulet, la
plupart des puits ont entamé ou trouvé l'étage inférieur, mais on n'y avait
apporté que peu d'attention, vu que cet étage était regardé comme faisant
déjà partie du terrain de transition. Mais en plusieurs points, notamment
aux dérangements ou soulèvements, on a recoupé cette formation par des
travers bancs; c'est ainsi qu'on l'a reconnue au puits Saint-Joseph, en
traversant le soulèvement qui passe à 80 mètres au sud du puits (fig. 1,
pl. III); on l'a traversé également au puits du Chanois, qui est tombé sur
un autre soulèvement (fig. 2, pl. VI); enfin, le grand travers bancs du sud
du Magny, après avoir traversé 210 mètres dans le carbonifère inférieur, est
rentré à l'étage houiller inférieur (fig. 2, pl. IX).

Le travers bancs Saint-Joseph a 50 mètres de longueur, mais il n'a traversé que 18 mètres de terrain, en comptant normalement aux couches, au-dessous de la deuxième couche de houille. Immédiatement au mur de cette couche, on trouve un grès fin feldspathique, noir, de 7 à 8 mètres, dont la partie inférieure est brécheuse, et empâtant un grand nombre de fragments des schistes encore anguleux et des galets de grès arrondis; au-dessous, un banc de 3 mètres devient un vrai poudingue, tellement les débris de schiste et de grès sont nombreux; la pâte est déjà onctueuse et décèle la présence du talc. Le troisième banc n'a que 2 mètres d'épaisseur; la partie supérieure est formée par une couche grèseuse ferrifère, ou plutôt un amas de fer carbonaté lithoïde, de couleur d'un brun noir, avec des lits de couleur d'un blond foncé; ce grès ferrifère empâte quelques rognons de grès et assez souvent on y voit de la baryte sulfatée lamellaire. C'est ce gîte que les travaux de l'ancienne houillère avaient déjà découvert dans la galerie de l'Étançon et dont nous avons donné une analyse. Il y a deux ans, la Compagnie du Ronchamp entreprit, dans la forêt de l'Étançon, une recherche pour reconnaître les anciens travaux de la houillère; cette galerie à travers bancs, ouverte dans le mur des couches de houille, recoupa également ce gîte de fer carbonaté; mais là, le minerai est d'un blond clair et un peu lamelleux. Au-dessous de ce banc se trouve un schiste noir bréchiforme, avec quelques traces de houille et des amas arrondis, mamelonnés, d'une matière d'un jaune verdâtre et peu dure. Elle a été analysée à l'École des Mines, et sa composition est la suivante :

Silice	58 60
Alumine.	23 80
Protoxyde de fer	4 80
Chaux	2 60
Magnésie.	6 60
Perte par calcination	6 »
	99 40

Cette matière est donc franchement magnésienne et doit être classée dans les stéatites ou talcs. La partie inférieure du troisième banc est formée par un grès grossier feldspathique, bréchiforme, empâtant des morceaux de schistes de transition et quelques fragments rhomboédriques de quartz. Enfin le quatrième banc est un grès feldspathique complètement décomposé et pourri, renfermant des fragments de schistes onctueux, friables sous les doigts. Ce sont ces couches, d'une épaisseur totale de 18 mètres environ, qu'on regardait, il y a encore peu d'années, comme terrain de transition; elles font évidemment partie du terrain houiller, et nous pensons même qu'elles doivent être rattachées en grande partie à l'étage supérieur, dont elles forment la base, le véritable étage inférieur n'a été entamé par ce travers bancs qu'à partir du quatrième banc. '

Le puits du Chanois est tombé sur un soulèvement et n'a recoupé que la deuxième couche ; à 20 mètres au-dessous d'elle, à la cote 166 (c'est-à-dire à l'altitude de 234 au-dessous du niveau de la mer), on a foncé à partir du puits un travers bancs nord-sud de 180 mètres de longueur, dont 65 mètres au sud et 115 mètres au nord du puits ; des deux côtés, à ces distances, le travers bancs est rentré dans la région de la deuxième couche, et a ainsi recoupé sur cette longueur le terrain houiller inférieur à cette couche. En allant du sud au nord, il a recoupé d'abord des couches analogues à celles rencontrées dans le travers bancs de Saint-Joseph, sans pourtant retrouver le fer carbonaté lithoïde, qui ne doit exister que par amas ; et après avoir traversé un banc de schiste houiller fin, sans aucune brèche, on est tombé dans le grès talqueux proprement dit. C'est un grès feldspathique blanc, avec très peu de quartz, renfermant des grains de feldspath décomposé et du schiste talqueux blanc, qui est quelquefois en amas, d'autres fois engagé dans les strates du grès, et, de plus, disséminé dans le grès sous la forme de petits noyaux schisteux ; enfin, ce grès empâte des morceaux de schiste houiller, ordinairement peu arrondis, et le plus souvent à l'état de tablettes aux bords arrondis, couchées dans le sens de la stratification. Ce premier banc a une épaisseur de 7 mètres environ. Le second banc, de 2 mètres d'épaisseur, est un schiste à grains fins, d'un blond brun, dans lequel sont intercalés des lits de grains talqueux de même nature que le précédent. La galerie se maintient de nouveau dans les grès sur 20 mètres, seulement

certains bancs sont moins chargés de talc et renferment peu de feldspath
décomposé ; les débris de schiste houiller ne font jamais complètement
défaut. Au-dessous, se trouve un banc de 8 mètres de grès feldspathique où
le talc et le feldspath décomposé manquent ; il est plus dur, zoné, et renferme des veinules de dolomie. Ce banc se termine à un petit rejet ; au
delà, on traverse un banc de grès blanchâtre, pétri de talc schisteux et de
débris de schiste houiller ; au-dessous, le grès est noir, empâtant des tablettes de talc et quelques fragments de baryte sulfatée ; puis un banc de
grès noir schisteux de $0^m,70$ de puissance, renfermant deux à trois veinules
d'une houille fibreuse ; un banc de $0^m,50$ de grès brun, fin, et de grès talqueux dans lequel se trouve une veine de houille de 4 à 5 centimètres
d'épaisseur ; cette houille est traversée, surtout normalement à la
couche, par un grand nombre de veinules de chaux carbonatée. Au-dessous
se trouve un banc de 3 à 4 mètres, dans lequel alternent un grès schisteux
bleu et du grès feldspathique avec feldspath décomposé ; les grains de quartz
y sont plus abondants, et il renferme des petits galets de grès grisâtre. Enfin,
avant d'entrer dans la faille au nord, on a traversé une veine de 3 à 4 centimètres de schiste talqueux pur, d'un jaune verdâtre ; la galerie, poussée
au delà de la faille, est rentrée dans la deuxième couche. L'étage inférieur
a été traversé ainsi sur près de 48 mètres comptés normalement aux couches ; il a été également recoupé par le travers bancs du sud du puits du
Magny, mais nous ne pouvons encore en donner la coupe complète ; enfin
il a été reconnu dans les travers bancs des travaux du puits Sainte-Pauline.
On peut en conclure que cet étage existe à peu près partout dans les travaux de Ronchamp ; il n'y a jamais été l'objet de recherches proprement
dites, et n'a été rencontré qu'accidentellement pour l'exécution des travaux
d'aménagement nécessités pour l'exploitation des couches du système
supérieur. Cet étage inférieur est-il stérile dans les concessions de Ronchamp
et d'Éboulet ? on ne saurait l'affirmer, car il n'y a pas été traversé complètement jusqu'à présent, à l'exception du puits Sainte-Marie, qui y a reconnu
une couche de $0^m,60$.

Dans la concession de Mourière, c'est l'étage inférieur qui, jusqu'à présent, est le seul exploité, à la mine du Culot et au puits de la Croix. Ce puits ouvert dans le grès rouge, placé sur le contrefort sud du mont de Vanne, est entré dans le terrain houiller à la profondeur de 25 mètres; l'étage supérieur ou de Ronchamp n'y a que 43 mètres d'épaisseur, et les couches de Ronchamp n'y sont représentées que par des schistes bitumineux veinés de houille et de pyrites.

Le grès talqueux a été-traversé à la profondeur de 68 mètres, et on est entré dans le terrain dit de transition à 99 mètres de profondeur, l'étage inférieur y a donc une épaisseur de 31 mètres. Il est loin d'être riche en charbon; on a traversé plusieurs couches de schistes bitumineux veinés de houille et de pyrites, et ce n'est qu'au fond qu'on a rencontré une couche de houille de $0^m,80$, encore notablement chargée de rognons de pyrite; c'est la seule qui ait donné lieu à une exploitation. En général, l'abondance des pyrites diminue à mesure qu'on se dirige du couchant au levant dans le bassin de Ronchamp; au puits Saint-Paul, on en rencontre encore assez souvent; au puits Sainte-Marie, il n'en est pas signalé dans la coupe; nous n'en avons pas trouvé dans le travers bancs du Chanois; cela vient sans doute de la direction du courant qui a apporté les différentes matières qui ont formé le bassin de Ronchamp; et les rognons de pyrite plus lourds se sont déposés plus tôt. D'ailleurs, les couches de houille de Ronchamp renferment presque toujours de la pyrite en petits cristaux et filons; aussi, il y a trente ans, on lavait encore la houille pour en extraire la pyrite, qui était vendue.

Cet étage inférieur existe aussi au-dessous des travaux de l'ancienne houillère, mais on n'y a fait aucune recherche et on le regardait comme terrain intermédiaire, c'est-à-dire ce qu'on appelle aujourd'hui terrain de transition.

Ainsi, en 1825, on a fait plusieurs sondages près d'Orière, dans la partie occidentale de la concession de Ronchamp; partout les recherches ont été arrêtées sur ce qu'on appelait alors le terrain blanc et qui n'est autre que le grès talqueux.

On admettait bien depuis longtemps que le système de Mourière était inférieur à celui de Ronchamp, mais on n'en connaissait pas la relation

exacte, et cela principalement parce qu'on supposait que la deuxième couche
de Ronchamp reposait presque immédiatement sur le terrain de transition
dont faisait déjà partie le terrain blanc. Les derniers travaux ont fait voir
qu'il n'en est pas ainsi, et que les deux étages existent dans les trois concessions de Ronchamp, d'Éboulet et de Mourière. Ils reposent l'un sur l'autre
à stratification concordante; pourtant il y a une différence notable entre la
nature des matières amenées par le charriage pour les dépôts, ce qui indiquerait une variation dans l'origine de ces matières et peut-être une perturbation géologique survenue dans ce lieu d'origine; d'un autre côté, nous
avons vu que le terrain houiller, au-dessous de la deuxième couche et au-
dessus du niveau talqueux, est formé en grande partie par des schistes et grès
renfermant de nombreux galets de schiste et de grès, ce qui est généralement l'indication d'une perturbation dans les causes qui ont amené les dépôts.

D'après la classification de M. Grand'Eury, le bassin de Ronchamp
appartiendrait à la base de la troisième phase. Ce sont, en effet, les *Pecopteris*
et les *Annularia* qui dominent dans la flore de ce bassin. Appartenant à
l'étage houiller supérieur, il serait à cheval sur le système inférieur de Saint-
Étienne et celui de Rive-de-Gier, auquel correspondrait plus spécialement
l'étage inférieur de Mourière.

Le bassin de Ronchamp a été classé dans les dépôts continentaux ; nous
croyons qu'il s'est formé dans les mêmes conditions que les bassins qui se
trouvent au pourtour du plateau central de France, ceux d'Épinac, de
Blanzy, du Creusot, de Saint-Étienne, d'Alais et d'Aubin. Les débris de la
végétation ainsi que ceux du terrain sont venus se déposer dans un lac ou
marécage d'eau douce placé en arrière de la mer où devaient plus tard se déposer le permien, le trias, le terrain jurassique, et dont elle était séparée
par une longue falaise allant de Rougemont à Épinac, falaise qui devait
s'abaisser, en quelques points, de manière à mettre le lac d'eau douce en
communication avec la mer. D'ailleurs, le dépôt houiller, au moins comme
terrain géologique, sinon comme terrain utilement exploitable, a envahi la
mer, puisque ce qu'on appelle le bassin de Roppe ou de l'Arsot, qui est la
continuation de celui de Ronchamp, et sur lequel on a fait quelques

recherches, s'appuie sur le versant méridional de la falaise du terrain ancien, et plonge sous la mer jurassique. Le bassin de Ronchamp se serait donc déposé dans les mêmes conditions que ceux que nous venons d'indiquer : dans un lac d'eau douce situé en arrière d'une anse de la mer, et avec laquelle celui-ci était en communication; ce lac recevait les matières végétales et minérales d'un terrain émergé situé entre les massifs anciens des Vosges et du Morvan, et sur lequel il s'appuyait. Limité au sud, en grande partie, par une falaise ancienne, le terrain houiller a néanmoins pu s'étendre au sud de cette falaise, grâce à des échancrures comme celle qui existe entre le Salbert et le massif de Chagey, et se conti-tinuer bien au delà; et de ce côté il n'y a pas de limite connue d'avance. Le bassin de Ronchamp nous paraît donc être un dépôt littoral d'eau douce, comme il s'en est formé bien d'autres, non pas précisément aux endroits où la mer était largement ouverte, mais principalement au fond d'anses et de golfes profonds où l'action de la haute mer n'est pas venue troubler ces dépôts.

VI. — Formation houillère.

L'étage supérieur, dans les concessions de Ronchamp et Éboulet, renferme généralement trois couches désignées, en allant de haut en bas, par première couche, couche intermédiaire, et deuxième couche. Dans les coupes, nous avons eu soin d'indiquer en un grand nombre de points la puissance et la-composition de cette formation. Ainsi au puits Saint-Charles (fig. 1, pl. II), la formation houillère a une épaisseur de $27^m,97$, dont 3 mètres pour la première couche, y compris une barre de $0^m,30$, puis $11^m,60$ de schistes et grès; la couche intermédiaire de $0^m,75$, et après $8^m,05$ de schistes et grès; la deuxième couche de $4^m,57$ d'épaisseur, dont $1^m,30$ de barres en cinq bancs. L'épaisseur totale des trois couches de houille est donc en ce point de $8^m,32$, ou de $6^m,72$, en retranchant les différentes barres. A 360 mètres en aval de ce puits, la formation n'a plus $22^m,58$, dont pour les trois couches, $7^m,93$, ou $7^m,33$ en faisant abstraction des barres. Ici, la couche intermédiaire n'est plus séparée de la deuxième couche que par

2^m,25 de roche, et cette dernière a une épaisseur totale de 4^m,08, dont 0^m,30 seulement de barres. Au puits Saint-Joseph, la formation a 14^m,50 d'épaisseur, dont 8^m,97 pour les trois couches de houille, qui se réduisent à 7^m,08 en retranchant les barres; la première couche n'est plus séparée de la couche intermédiaire que par 4^m,28, et celle-ci de la deuxième couche par 1^m,25 seulement. A partir de ce puits, en s'avançant vers le sud, la puissance de la formation ainsi que sa richesse en houille vont rapidement en diminuant; et au puits d'Éboulet, elle n'est plus que de 2^m,10, dont 2^m,05 de houille; les trois couches ne sont plus séparées l'une de l'autre que par de minces barres de 0^m,02 à 0^m,03 d'épaisseur. Au sud du puits d'Éboulet, on est tombé sur un soulèvement, les traces de houille ont été suivies en montant le long de la faille qui termine ce soulèvement vers le nord; arrivé au sommet, on a retrouvé la couche qui n'avait plus que 0^m,40 à 0^m,50 d'épaisseur; elle a été suivie en descenderie le long du soulèvement, elle a augmenté d'épaisseur peu à peu, et, après un parcours de 230 mètres, elle a repris une puissance de 1^m,20. On a ouvert en ce point une galerie en direction et une nouvelle descenderie, mais ces travaux sont abandonnés et noyés depuis trois ans et ne seront repris que plus tard. Sur le versant sud du soulèvement, la descenderie a traversé trois petits rejets en gradins d'escaliers. Les trois couches se reformeront-elles, comme elles existent entre Saint-Joseph et Eboulet? On ne peut rien affirmer : les recherches n'ont pas été poussées assez loin, surtout à travers bancs; toujours est-il que la seconde descenderie, qui a été arrêtée à la cote 150, est toujours en plein charbon.

A l'est de cette coupe, nous donnons la coupe (fig. 1, pl. V) qui passe par les travaux des puits Sainte-Barbe, Sainte-Pauline et Saint-Georges. Cette coupe traverse trois failles; la première, au nord, divise en deux les travaux de Sainte-Pauline; la deuxième, provenant du soulèvement qui passe au sud du puits Saint-Joseph, limite les travaux de Sainte-Pauline vers le sud; la troisième passe par les travaux du puits Saint-Georges; elles sont toutes les trois dans le même sens, c'est-à-dire qu'elles relèvent le terrain vers le sud. Au nord, la coupe aboutit au grand soulèvement le long duquel le terrain houiller disparaît. Plus vers l'ouest, le puits Sainte-Barbe avait pourtant traversé encore 44 mètres de terrain houiller. La coupe se compose de trois tronçons. Vu la disposition des travaux et l'inclinaison des couches, nous avons préféré cette solution, mais les lignes ont été choisies de telle façon que les points b et c, de même que les points d et e, se trouvent au même niveau pour les couches de houille.

Au point a, le terrain houiller, formé par une roche bitumineuse, n'a que 30 centimètres d'épaisseur; à 70 mètres plus au sud-est, ce terrain atteint $2^m,60$, dont $0^m,60$ de houille. A partir de ce point, la formation houillère va en augmentant, et au point c elle atteint $1^m,45$, divisés en trois couches d'une épaisseur totale de $1^m,25$. Avant la première faille, la formation a $3^m,84$, et là se dessinent nettement de nouveau les trois couches de Ronchamp : la première, de $1^m,45$, avec une barre de $0^m,10$; la couche intermédiaire de $0^m,55$, séparée de la précédente par $0^m,30$ de schiste, et enfin, 1 mètre au-dessous de cette dernière, la couche inférieure, d'une puissance de $0^m,80$. Immédiatement avant la deuxième faille, la formation a 7 mètres d'épaisseur; on retrouve encore les trois couches, la première d'une épaisseur de 2 mètres, dont un banc de schiste de 1 mètre, l'intermédiaire de $0^m,80$, et la deuxième couche de $1^m,30$. Dans le travers bancs sud du puits Saint-Georges, la formation atteint $19^m,96$, dont $2^m,13$ de houille en neuf veines et $0^m,60$ d'une couche de crassin (charbon impur, schisteux et pyriteux). On peut encore, à la rigueur, y retrouver les trois couches; mais la couche inférieure y serait divisée en huit bancs d'une épaisseur totale de $8^m,13$, y compris le banc de crassin, répartie sur une hauteur de $8^m,26$. En résumé, dans cette coupe, la puissance houillère est plus faible que dans la précédente, et surtout les couches vont en se divisant à mesure qu'on avance vers le sud. En allant vers l'est, l'épaisseur des couches diminue également, comme le fait voir la coupe n° 1, planche IX, où le terrain houiller se termine contre un soulèvement. Le sondage de la Chatelaye, au sud du puits Saint-Georges, fait en 1857, aurait rencontré le terrain houiller à la profondeur de 488 mètres et aurait été poussé jusqu'à 536 mètres, mais sans rencontrer aucune couche de houille, le terrain houiller y étant fortement relevé vers l'est, et tout indiquait que là aussi on approchait de la limite du bassin houiller. La société de Ronchamp, pour reconnaître l'aval pendage des couches du puits Saint-Georges, vient de foncer, à 700 mètres au sud-ouest de ce puits, le puits Tonnet, qui est encore dans le grès rouge.

A l'ouest de la coupe, passant par les puits Saint-Charles et Saint-Joseph, la richesse en houille va également en diminuant. Ainsi, au puits n° 7, à 450 mètres au nord-ouest de Saint-Charles, la formation houillère est bien de 34^m,20, et les trois couches s'y rencontrent également; mais la première couche n'y a que 1^m,85, dont une barre de 0^m,57; la couche intermédiaire, à 13,60 au-dessous, n'a que 0^m,30, et la seconde, séparée de la précédente par 9^m,30 de rocher, a bien une épaisseur totale de 8^m,35, mais elle est divisée en neuf bancs par des barres, dont une a 3 mètres et, en définitive, la couche se réduit à 3 mètres 15 de houille. A mesure qu'on avance en direction vers l'ouest, cette division augmente, et à 940 mètres à l'ouest du puits Saint-Charles, dans la galerie qui se dirige vers le puits Sainte-Marie, on a ouvert un travers bancs vers le sud pour reconnaître la formation houillère; la fig. 2, planche II, donne la coupe exacte de ce travers bancs. Il a 79 mètres de longueur, mais il n'a traversé que 44^m,04 de couches, comptés normalement à l'inclinaison de celles-ci. Ces 44^m,04 comprennent vingt-cinq veines de houille d'une épaisseur totale de 4^m,35 et quarante-sept bancs de schistes ou grès, d'un total de 39^m,69. A l'avancement de la galerie, on a foncé dans le toit un sondage de 19 mètres de longueur qui a traversé encore deux veines de houille qui sont profilées sur la coupe. A 450 mètres à l'ouest de ce travers bancs se trouve le puits Sainte-Marie, qui a traversé le système supérieur sur 72 mètres de hauteur; il n'a rencontré qu'un filet de houille de 0^m,12 à la profondeur de 282^m,25, et, à 21^m,75 plus bas, une couche de 0^m,60 reposant sur 2 mètres de schiste, au-dessous duquel on recoupe un filet de 0^m,10, et puis deux bancs de 0^m,35 et 0^m,40 de crassin ou charbon impur, séparés par 0^m,30 de schiste. A la hauteur du puits Saint-Joseph, les couches tendent aussi à diminuer et à se diviser en allant vers le couchant; ainsi la fig. 7, planche IV, donne la composition de la première couche à

250 mètres au couchant du puits; l'épaisseur y est de $2^m,56$, dont $2^m,07$ de houille en sept bancs; tandis qu'au puits, cette couche a $3^m,20$ de puissance sans aucune barre. De même la deuxième couche, à 500 mètres au couchant du puits Saint-Joseph, a bien $7^m,37$, mais elle est divisée en six bancs de houille d'une épaisseur totale de $3^m,85$, séparés par cinq barres de $2^m,52$ d'épaisseur totale. Au puits Saint-Joseph, la couche n'avait que $4^m,89$, mais elle tenait 4 mètres de charbon. En tout cas, la diminution en richesse ou la subdivision des couches est ici bien plus lente qu'à la hauteur du puits Saint-Charles. Si maintenant on passe au puits du Chanois, qui est à 1,340 mètres à l'ouest de Saint-Joseph, un peu au sud, la division a déjà fait son œuvre. La première couche n'a plus que $1^m,20$ d'épaisseur, dont $0^m,85$ de houille divisés en quatre bancs, et, près du dérangement qu'a rencontré ce puits, elle se réduit à $0^m,48$; la couche intermédiaire est représentée par trois filets, et la deuxième couche dans le puits a une épaisseur de $7^m,20$, divisée en quatorze ou quinze veines de houille, dont la plus épaisse n'a pas plus de $0^m,50$; dans les travaux au nord du puits, l'épaisseur atteint même près de 14 mètres avec seize veines, dont trois ont respectivement $0^m,60$, $0^m,50$ et $0^m,50$; toutes les autres sont des filets de 3 ou 4 centimètres au plus; la couche y devient difficilement exploitable, et, en tout cas, on ne pourra prendre que la partie du toit et celle du mur. Au puits du Magny, à 680 mètres au sud-est du Chanois, la situation est bien meilleure : ce puits, qui est tombé sur un rejet, n'a traversé que la première couche et la couche intermédiaire; mais, par les travaux faits depuis, il est facile de reconstituer la formation houillère; elle a $27^m,10$ d'épaisseur; la première couche a $2^m,40$, divisée en trois bancs de houille par deux barres de $0^m,40$ chacune; mais on n'exploite que le banc supérieur de $1^m,10$ de houille pure. A $6^m,80$ au-dessous se trouve la couche intermédiaire de $0^m,70$ de houille, et à 14 mètres au-dessous de celle-ci vient la deuxième couche, de $3^m,30$, divisée en trois par deux barres de $0^m,10$ et $0^m,15$ d'épaisseur. Cette deuxième couche est exploitée aujourd'hui au levant et au couchant du puits; au couchant, elle a $3^m,93$, dont $3^m,25$ de houille, et au levant, $3^m,83$, dont $3^m,15$ de houille.

Ajoutons que par le travers bancs qui a recoupé le dérangement au sud du puits, on vient de retrouver par un montage cette deuxième couche, qui y a une épaisseur de $3^m,38$, dont $3^m,05$ de houille.

De ces faits on peut conclure que, si l'affaiblissement des couches vers l'ouest est général, ce qui est probable, cette ligne de division est loin d'être dirigée nord-sud, et qu'elle doit faire, en partant du travers bancs de Sainte-Marie, un angle de près de 30° au moins vers l'ouest avec le méridien, à peu près perpendiculairement à la direction générale des couches ; elle passerait ainsi à 600 mètres à l'est du puits du Magny, ce qui assure encore un bel avenir aux travaux de ce puits, surtout depuis que la deuxième couche a été retrouvée avec toute sa puissance au sud du dérangement. Il est d'ailleurs probable qu'on y retrouvera également la couche intermédiaire et la couche supérieure.

Dans la concession de Mourière, d'après ce qui précède, on peut s'attendre à ne pas trouver de grande richesse de houille dans l'étage supérieur. Dans ces deux dernières années, en 1880-1881, deux puits de recherche ont été foncés à l'ouest de Mourière, tout près de la limite orientale de la concession. Dans le puits dit de Mourière, on a recoupé, à 55 mètres de profondeur, une couche de $1^m,17$ qui a été reconnue par une descenderie et une galerie vers l'ouest ; les 2 fig. n° 4 de la planche VIII donnent la conformation de cette couche ; comme on voit, elle se réduit à $0^m,37$ de houille en deux bancs séparés par un épais banc de schiste et grès. Au puits du Nord, on a traversé, à 5 mètres de profondeur, une couche de $0^m,70$, divisée en trois bancs par deux barres de $0^m,13$ et $0^m,10$; à 20 mètres plus bas, on est tombé sur une seconde couche qui n'a pas été reconnue ; la quatrième coupe de la fig. 4, planche VIII, donne la conformation de la première couche. Ces couches représentent évidemment le système de Ronchamp ; on ne les a pas jugées exploitables, et les puits ont été abandonnés.

Le puits Saint-Paul a rencontré le terrain houiller à la profondeur de $158^m,50$, et à 237 mètres il est tombé sur une faille, un dérangement, et il est entré dans le culm après avoir traversé des schistes noirs confus, avec rognons de charbon, et des indices de grès talqueux. On est d'abord descendu dans le culm, et à la profondeur de 243 mètres on a ouvert un travers bancs vers le nord; après avoir traversé le brouillage de la faille et rencontré quelques filets [de houille de $0^m,02$ à $0^m,04$, on a recoupé, à 125 mètres du puits, une couche de $0^m,70$ dont $0^m,45$ de houille en deux bancs; la 4° coupe de la figure 4, planche VIII, donne la coupe de la couche; elle a été suivie en direction vers le levant, mais elle ne s'est pas améliorée. Elle doit représenter la deuxième couche du système de Ronchamp, car en continuant le travers bancs au delà de cette couche, on est tombé après 3 mètres de parcours dans le grès blanc talqueux. Plus tard, il y a deux ans, on a repris les travaux à Saint-Paul, et ouvert un travers bancs vers le sud à la profondeur de $237^m,45$, au point où on avait rencontré le brouillage avec des rognons de houille. Ce travers bancs entra dans une couche de $0^m,40$ à $0^m,50$, ayant à son mur du grès talqueux. La galerie la suivit sur 75 mètres; la couche y faisait le dos d'âne, et, après ces 75 mètres, on la poursuivit en descenderie sur une hauteur verticale de $38^m,70$; en ce point, elle formait un fond de bateau, et on remonta dans la couche sur une hauteur de 12 mètres. L'inclinaison devenait très forte, et on se décida alors à ouvrir un nouveau travers bancs vers le sud, à la profondeur de $264^m,45$. Après avoir traversé 1 à 2 mètres de terrain talqueux, on rencontra le mélaphyre, qui fut suivi sur 96 mètres, et on rentra dans le culm, dont les schistes étaient disloqués, déchirés le long du mélaphyre. Le culm fut recoupé sur 120 mètres, mais comme en continuant à travers bancs la galerie allait sortir des limites de la concession, elle fut obliquée vers l'ouest, à partir de 195 mètres de son origine, en lui faisant faire un angle de 45° avec la direction primitive; on traversa ainsi 60 mètres de terrain talqueux, composé de grès, de quelques bancs de schiste, et à la base, une couche de schiste noir avec traces de houille. On a poursuivi la galerie dans l'étage supérieur sur 70 mètres, mais on n'a rencontré que 3 ou 4 veines de houille de 3 à 4 centimètres chacune, où l'avancement est actuellement arrêté, et on se propose de reconnaître en direction ces indices de couche. La fig. 9, planche VIII, donne la coupe de ces travaux; les filets de houille reconnus près de l'avancement sont, à notre avis, la représentation de la couche de la descenderie et du travers bancs nord de Saint-Paul, et par suite du système de Ronchamp. Pour se rendre compte de ce que devient cette couche, en remontant vers les affleurements du nord, on a ouvert à 660 mètres au nord du puits Saint-Paul, à partir du jour et à l'altitude 368, la galerie Saint-Louis, poussée vers le nord. Ouverte dans le terrain houiller supérieur, elle n'a traversé que des bancs de grès, de poudingues, de schistes, dont quelques-uns charbonneux; à 85 mètres, elle a recoupé un filet de houille de 5 à 6 centimètres; à 88 mètres, elle est entrée dans le terrain talqueux, et à 116 mètres dans le culm; les couches de terrain houiller y plongent de 15° vers le sud un peu ouest. On peut conclure de là que vers les affleurements les couches de houille de Ronchamp ont à peu près complètement disparu au nord du puits Saint-Paul.

Si nous avançons plus à l'ouest, on arrive au puits de la Croix, ouvert à l'altitude de 439,54 (fig. 3, pl. VIII). Après 25 mètres de grès rouge, il a traversé, sur 43^m,35, le terrain houiller supérieur sans rencontrer de couche exploitable, mais trois bancs de schistes pyriteux, veinés de houille, qui peuvent être regardés comme les représentants des trois couches de Ronchamp. L'étage houiller inférieur y a 30 mètres d'épaisseur; il renferme encore beaucoup de bancs de schistes noirs pyriteux avec veinules de houille, mais le seul banc reconnu exploitable est le dernier, reposant presque immédiatement sur le terrain carbonifère inférieur. La fig. 10, pl. VIII, indique la composition de cette couche, dont le banc inférieur de 0^m,80, a seul été exploité par les mines de la Croix, du Culot et des Renaissances supérieure et inférieure; la fig. 6, pl. VIII, donne le plan de ces travaux et la fig. 8, la coupe. Nous ajoutons deux coupes pour donner la formation de la couche dans les galeries du Culot et dans celle à l'est du puits de la Croix. Le puits de la Croix est comblé depuis plusieurs années, et, dans les travaux du Culot, on ne fait plus que de glaner pour extraire le charbon nécessaire pour les machines du puits Saint-Paul et la consommation des ouvriers et employés de la mine.

Le puits Saint-Paul, par suite du dérangement sur lequel il est tombé, n'a pas traversé l'étage inférieur, mais il l'a atteint à son sommet, à la profondeur de 237 mètres environ, soit à l'altitude de 122 mètres; le puits de la Croix a rencontré cet étage à l'altitude 371, soit une différence de près de 250 mètres. On pourrait croire que cette grande différence de niveau entre les deux points est due à une faille passant entre les deux; il n'en est rien, ou au moins elle ne peut avoir qu'une faible importance analogue aux nombreux rejets du terrain houiller. En effet, dans le travers bancs Saint-Louis, l'inclinaison est de 15 degrés au moins, et, en projetant sur cette ligne d'inclinaison le puits de la Croix, on trouve que ce puits tombe à 900 mètres environ au nord du puits Saint-Paul; et cette distance, avec la pente de 15 degrés, donne une différence de plus de 240 mètres de niveau. Nous reviendrons d'ailleurs sur ces points dans le chapitre suivant; disons seulement dès à présent, que la ligne d'affleurements va également en s'élevant de l'est à l'ouest; ainsi, tandis que dans l'ancienne houillère de Ronchamp, dans les travaux du Cheval, les affleurements du terrain houiller ne sont pas supérieurs à 380 mètres d'altitude, ils atteignent 470 et plus dans la partie nord des travaux du Culot.

Plus à l'ouest, la Compagnie de Mourière avait fait un sondage près de la verrerie de Malbouhans, pour une demande en extension de concession; nous en donnons la coupe, fig. 1, pl. VIII. Après avoir traversé 70 mètres de grès bigarré, 15 mètres de grès vosgien et 121^{m}50 de grès rouge, il a traversé 162 mètres de terrain houiller, dont 90 mètres pour l'étage supérieur et 72 mètres pour celui inférieur; après quoi on est tombé dans les schistes dits de transition. Le sondage n'a traversé aucune couche de houille; tout au plus a-t-il rencontré quelques veines de schiste charbonneux, à la base de l'étage inférieur; par contre, il a traversé beaucoup de bancs de poudingues.

Pour ce qui concerne les couches de l'ancienne houillère, nous n'avons pu nous procurer de plans et coupes suffisants pour en donner une description exacte, et nous en référons, à cet égard, à ce que nous avons dit dans l'« Historique. » Toujours est-il que là, comme plus au sud, existent les trois couches de Ronchamp, dont la supérieure, à l'exception des travaux du Basvent et du puits Henri IV, a été la seule exploitée, et encore partiellement. Dans ces anciens travaux, il doit exister encore environ un million de tonnes de houille à enlever ; on y rentrera probablement quand le canal des Houillères sera achevé, en reprenant l'ancien puits Saint-Louis ou bien le puits n° 2, sur lesquels on installera des pompes d'épuisemen pour dénoyer tous ces vieux travaux.

Le charbon des houillères de Ronchamp doit être rangé dans les charbons gras ; pour le chauffage des machines à vapeur , il exige une surface de grille plus grande que les houilles de Sarrebruck employées dans la contrée. Étant plus grasse, la houille de Ronchamp ne doit être chargée qu'avec une faible épaisseur sur la grille, autrement le charbon s'empâte et empêche le tirage. De là, la nécessité d'une plus grande surface de grille et aussi de chargements plus fréquents.

L'Association alsacienne des propriétaires d'appareils à vapeur a fait quelques essais pour comparer le charbon de Ronchamp à celui d'autres bassins. D'après ces essais, 1,000 kilogrammes de charbon tout venant de Ronchamp laissant en moyenne 22 pour 100 de scories, produisent autant de vapeur que :

1.065^k	de houille grasse,	2e sorte,	avec 18 0/0 de scories		
1.120	— flambante	—	— —		de
1.160	— maigre	—	15 0/0 —		Sarrebruck.
1.405	— menue	3e sorte,	25 0/0 —		
1.050	de houille tout venant		avec 13 0/0 de scories		de la Moselle.
1.085	Montceau tout venant		avec 12 0/0 —		de
1.045	Malbrouch anthraciteux		24 0/0 —		Saône-et-Loire

Nous donnons ci-dessous les résultats des essais et analyses élémentaires faits à l'École Nationale des Mines [1], de neuf échantillons de houille provenant des trois couches, dans les puits Saint-Charles, Saint-Joseph et du Magny. Chaque échantillon a été obtenu en faisant une coupe dans la couche, du haut en bas, en ayant soin d'enlever les barres. On remarquera

1. Les essais pour coke, matières volatiles, carbone fixe et cendres ont été faits au bureau d'essai de l'École; mais, comme ce bureau n'est pas organisé pour faire les analyses organiques élémentaires, le Directeur du bureau d'essai, l'Ingénieur en chef, M. Carnot, a bien voulu faire faire dans son propre laboratoire les analyses élémentaires; nous tenons à l'en remercier ici.

	No 1.	No 2.	No 3.	No 4.	No 5.	No 6.	No 7.	No 8.	No 9.
	PUITS SAINT-CHARLES.		PUITS SAINT-JOSEPH.			PUITS DU MAGNY.			
	Couche intermédiaire.	2e couche sol.	2e couche.	Intermédiaire.	1re couche.	2e couche toit.	1re couche	Intermédiaire.	2e couche sol.
Matières volatiles.........	28.0	32.8	28.8	26.0	20.4	23.8	23.4	22.0	20.0
Carbone fixe..............	63.0	62.2	57.2	58.0	61.0	70.2	69.4	58.0	69.6
Cendres	9.0	5.0	14.0	16.0	12.6	6.0	7.2	20.0	10.4
	100.0	100.0	100.0	100.0	100.0	100.0	100.0	100.0	100.0
Coke obtenu en chauffant brusquement	72.0 non boursouflé.	67.2 un peu boursouflé.	71.2 peu boursouflé.	74.0 non boursouflé.	73.6 un peu boursouflé.	76.2 très boursouflé.	76.6 assez boursouflé.	78.0 peu boursouflé.	80.0 peu boursouflé.
Coke obtenu en chauffant très lentement........	74.0 très boursouflé.	73.8 extrêmement boursouflé.	75.4 assez boursouflé.	75.4 assez boursouflé.}	76.6 très boursouflé.	82.0 extrêmement boursouflé.	80.6 extrêmement boursouflé.	81.2 très boursouflé.	83.6 très boursouflé.

ANALYSES ÉLÉMENTAIRES.

	EAU hygrométrique	CENDRES.	CARBONE.	HYDROGÈNE	O + Az (complément à 100).	POUR 100			AZOTE.
						C	H	O + Az.	
Nº 1. — Puits Saint-Charles. — Couche intermédiaire.	0.40	9.04	79.38	4.71	6.87	87.27	5.18	7.55	0.0241
Nº 2. — Puits Saint-Charles. 2ᵉ couche. — Sol........	0.40	4.52	84.17	4.82	6.49	88.15	5.05	6.80	0.0420
Nº 3. — Puits Saint-Joseph. — 2ᵉ couche...........	0.70	6.24	84.65	3.86	4.55	90.00	4.12	5.88	0.0540
Nº 4. — Puits Saint-Joseph. — Couche intermédiaire..	0.90	7.97	83.72	4.00	4.31	90.97	4.35	4.68	0.0580
Nº 5. — Puits Saint-Joseph. — 1ʳᵉ couche...........	0.15	4.20	86.18	4.18	5.44	89.96	4.36	5.68	0.0525
Nº 6. — Puits du Magny. — 2ᵉ couche. — Toit.......	0.70	10.88	81.84	2.87	4.41	91.83	3.22	4.95	0.0350
Nº 7. — Puits du Magny. — 1ʳᵉ couche.............	0.70	6.24	79.65	4.13	9.98	84.95	4.41	10.64	0.0245
Nº 8. — Puits du Magny. — Couche intermédiaire....	0.40	9.64	82.45	4.55	3.66	90.91	5.04	4.05	0.0210
Nº 9. — Puits du Magny. — 2ᵉ couche. — Sol........	0.50	6.03	87.70	3.87	2.40	93.32	4.12	2.56	0.0350

qu'il existe un écart entre les nombres qui représentent la proportion de cendres dans les deux séries d'analyses pour certains échantillons ; cela vient de ce que ceux-ci étaient assez irréguliers comme composition : on a pris autant que possible une moyenne pour les essais industriels, tandis que pour l'analyse élémentaire il a été fait un triage.

D'après ces essais, les houilles de Ronchamp doivent être classées parmi les houilles grasses, puisqu'elles contiennent toutes plus de 8 à 10 0/0 de carbone volatil. Voici d'ailleurs, d'après l'analyse, les quantités de carbone volatil contenues dans chacune des couches, en prenant pour unité la houille telle qu'elle a été soumise aux essais, avec son eau hygrométrique et les cendres qui sont indiquées dans les essais :

1re couche	Puits Saint-Joseph	17 50	0/0
—	— du Magny	8 85	
Couche intermédiaire.	— Saint-Charles	16 07	
—	— Saint-Joseph	17 68	
—	— du Magny.	14 42	
2e couche. Sol.	— Saint-Charles	21 20	
—	— Saint-Joseph	20 51	
— Toit.	— du Magny.	15 45	
— Sol.	— —	13 58	

Une première remarque, c'est que la quantité de matières volatiles va pour chaque couche en diminuant, à mesure que la houille est extraite à des profondeurs plus grandes. Il n'y a qu'une exception pour la couche intermédiaire ; cette exception ne paraît pas dans les essais, à cause de la grande différence des cendres contenues dans chaque échantillon de cette couche ; mais si on ramène chacun d'eux à la teneur moyenne des trois de 15 0/0, on trouve :

Pour le puits Saint-Charles. .	26 15	de matières volatiles.
— Saint-Joseph . .	26 31	—
— Magny	23 37	—

Si on ramène par la pensée tous les échantillons des essais à la teneur moyenne de 11,13 0/0 de cendres, on a les quantités suivantes pour les matières volatiles :

Première couche à	Saint-Joseph.	26 84 0/0
—	Magny	22 40
Couche intermédiaire,	Saint-Charles	27 34
—	Saint-Joseph	27 50
—	Magny	24 44
Deuxième couche. Sol.	Saint-Charles	30 68
— —	Saint-Joseph	29 76
— Toit.	Magny	22 50
— Sol.	—	19 75

L'observation reste donc encore vraie, excepté pour la couche intermédiaire, mais il est bien possible que l'échantillon de Saint-Joseph ait été pris à un niveau plus élevé que celui de Saint-Charles, vu la disposition des quartiers d'exploitation dans ces deux puits.

Cette diminution de matières volatiles avec la profondeur croissante doit être attribuée principalement, d'après nous, à l'accroissement de la température du sol, et aussi à la pression ; elle ne saurait être attribuée à l'influence des terrains anciens sous-jacents au moment du dépôt de la houille ; ceux-ci, à cette époque, ne devaient guère avoir une température plus élevée que celle du terrain houiller lui-même. D'ailleurs, si cela était, sans doute la couche inférieure devrait renfermer moins de matières volatiles que les deux autres, et il n'en est pas ainsi. A Saint-Charles, la couche intermédiaire tient 27,34 0/0 de matières volatiles et la deuxième couche, 30,68 0/0 ; à Saint-Joseph, la première couche donne 26,84 0/0, la couche intermédiaire 27,50, et la deuxième couche 29,76 ; au Magny, la première couche 22,40, l'intermédiaire 24,44, et la deuxième couche 22,50 et 19,75 seulement ; mais il faut dire, d'un côté, qu'au puits du Magny la première couche et l'intermédiaire sont exploitées à un niveau supérieur à celui où on exploite la deuxième couche ; et, d'un autre côté, que cette dernière, là où elle est exploitée, est déjà bien rapprochée du grand dérangement au sud du puits, qui a bien pu modifier la composition de la couche et la rendre moins gazeuse. Nous croyons donc qu'on peut admettre cette règle comme assez générale à Ronchamp. On admet aussi généralement que la proportion des matières volatiles va en augmentant, à mesure qu'on s'élève dans la série des couches; ce serait plutôt l'inverse à Ronchamp; ainsi à Saint-Joseph, la première couche tient 26,84 de matières volatiles, la couche intermédiaire 27,50 et la deuxième couche 29,76; mais la règle que nous venons de citer s'applique plutôt à un bassin composé de plusieurs zones ou étages géologiques, et ne saurait être étendue à Ronchamp, où les trois couches de houille ne sont réparties que sur une hauteur totale de 30 mètres environ, et appartiennent absolument à la même zone.

La quantité de matières volatiles a une certaine importance pour la fabrication du coke; ainsi, en faisant abstraction des cendres, il résulte des essais par chauffage lent que, tandis que la première couche ne donne que 73 0/0 de coke à Saint-Joseph, elle donne 79 0/0 au Magny; de même la couche intermédiaire, au lieu de 71 0/0 à Saint-Joseph, donne 76,5 0/0 au Magny; enfin, la deuxième couche, qui donne 71 0/0 à Saint-Charles, fournit 81 à 82 0/0 au Magny. La Compagnie de Ronchamp a donc tout intérêt à employer de préférence les menus lavés du Magny pour la fabrication du coke.

L'abondance de plus en plus grande du grisou dans une même couche, à mesure qu'on s'enfonce sous le sol, est assez générale à Ronchamp; elle s'expliquerait également par l'augmentation de la température; la distillation des carbures en dissolution dans la houille irait en augmentant avec la profondeur, et le grisou ainsi chassé de la houille se serait logé dans les pores et fissures de celle-ci, et même des roches environnantes, sous une pression qui va rapidement en augmentant avec la profondeur, par suite du poids des terrains supérieurs. Avant la dislocation du terrain houiller, la quantité du carbone volatil devait aller en augmentant avec l'âge des couches et devait être pour chaque couche sensiblement la même dans toute l'étendue que nous considérons; après le redressement du terrain houiller, cette quantité a diminué dans chaque couche au fur et à mesure qu'elle se trouvait à une plus grande profondeur au-dessous du sol, et la densité de la houille, dans chaque couche, doit augmenter avec la profondeur. Les dérangements produits par les roches éruptives n'ont amené que des modifications locales, sans faire disparaître dans l'ensemble les déductions que nous venons d'indiquer.

Nous avons donné plus haut les résultats obtenus par l'Association alsacienne des propriétaires d'appareils à vapeur, en comparant la puissance de vaporisation des houilles de Ronchamp à celle des charbons de Sarrebruck, de la Moselle, etc. Grâce aux analyses élémentaires, nous pouvons comparer le pouvoir calorifique de la houille de Ronchamp à celui de charbons provenant d'autres bassins. Dans le compte rendu du sixième Congrès des ingénieurs en chef des Associations de propriétaires d'appareils à vapeur, M. Cornut a donné le pouvoir calorifique d'un grand nombre de houilles des bassins du Nord et du Pas-de-Calais, ainsi que le résumé des expériences faites par M. Scheurer-Kestner sur les houilles de Ronchamp, de Sarrebruck et du Creusot. Dans les calculs des pouvoirs calorifiques, on a employé trois formules ; celle de Dulong :

$$S = 8.080\ C + 34.462 \left(H - \frac{O}{8} \right),$$

celle proposée par M. Scheurer-Kestner :

$$S = 8.080\ C + 34.462\ H,$$

et une troisième proposée par M. Cornut.

$$S = 8.080\ C^F + 11.214\ C^V + 34.462\ H.$$

Cette dernière ne diffère de la précédente qu'en ce que M. Cornut a donné au carbone volatil un pouvoir calorifique supérieur au carbone fixe et égal à la vapeur de carbone : c'est celle-ci qui donnerait les chiffres les plus rapprochés des pouvoirs calorifiques observés ; nous emploierons donc la formule de M. Cornut.

D'un autre côté, nous calculerons le pouvoir calorifique pour la houille pure, c'est-à-dire supposée débarrassée des cendres et de l'eau hygrométrique, comme l'ont fait ces expérimentateurs, afin de pouvoir comparer nos résultats à ceux qu'ils ont obtenus.

Voici, dans ces conditions, les pouvoirs calorifiques de chacun des échantillons analysés :

DÉSIGNATION des ÉCHANTILLONS.	CARBONE FIXE.	CARBONE VOLATIL.	HYDROGÈNE.	POUVOIR CALORIFIQUE.
Couche intermédiaire à Saint-Charles.	69.54	17.63	5.18	9.381
2ᵉ couche. Sol. Saint-Charles.............	65.75	22.40	5.05	9.565
id. id. Saint-Joseph..............	67.06	22.94	4.12	9.411
Couche intermédiaire, Saint-Joseph........	69.82	21.15	4.35	9.512
1ʳᵉ couche, Saint-Joseph................	69.91	20.05	4.36	9.400
2ᵉ couche. Toit. Magny..................	75.24	10.59	3.22	9.049
1ʳᵉ couche, Magny.....................	74.26	10.69	4.41	8.719
Couche intermédiaire, Magny............"...	72.86	18.05	5.04	9.648
2ᵉ couche. Sol. Magny...................	78.11	15.21	4.12	9.437

La moyenne est de 9,336 ; il n'y a que deux échantillons qui s'éloignent sensiblement de cette moyenne ; le sixième, qui est pauvre en hydrogène, et le septième, trop pauvre en carbone volatil par rapport aux autres ; mais ces deux échantillons regagnent leur rang pour la fabrication du coke, le premier donnant 80,8 et le deuxième, 79 0/0 de coke. Les pouvoirs calorifiques ont été calculés, d'après la même formule, pour des houilles également pures des bassins de Sarrebruck, du Nord, du Pas-de-Calais et du Creusot. Voici les chiffres obtenus :

<pre>
              ⌠ Dudweiler 9.044
  Bassin   │ Altenwald. 8.961
    de   ⟨ Hœinitz 8.716
 Sarrebruck   │ Friederichsthal 8.645
              ⌡ Louisenthal. 8.485
  Creusot (moyenne de 4 échantillons).. . . . .   8.851
  Bassin du Nord (Anzin. Houilles grasses) (14 échantillons). 9.291
       —   Aniche.   —   12   — 9.224
  Pas-de-Calais. Auchy-au-Bois. Houille grasse. (3 échantillons). . . .   9.197
       —   Bruay.   —   (8   —). . . .   9.314
       —   Béthune.   —   (19   —). . . .   9.387
</pre>

On peut conclure de ces chiffres que les houilles de Ronchamp valent les meilleurs charbons gras des bassins du Nord et du Pas-de-Calais, et qu'elles sont supérieures aux houilles du bassin de Sarrebruck et du Creusot; aussi à Mulhouse, qui dans le temps était le principal débouché des houilles de Ronchamp, ces dernières se vendent-elles toujours 1 fr. 50 à 2 francs de plus que celles de Sarrebruck.

Le mode d'exploitation généralement adopté à Ronchamp est celui dit par tailles chassantes : à droite et à gauche d'un montage, on ouvre une série de tailles de 10 mètres de longueur chacune, suivant l'inclinaison ; on remblaie derrière soi avec le stérile de la couche, en conservant au milieu des remblais, pour chaque taille, une galerie aboutissant au montage pour le sortage du charbon. Le courant d'air passe généralement dans un sens dans les tailles de droite et en sens inverse dans celles de gauche ; pourtant, dès que ces tailles atteignent une longueur notable, on prend des dispositions pour que le courant d'air aille en montant des deux côtés. Quand la couche a trop d'épaisseur pour se prêter sans danger à ce mode d'abatage, on fait l'exploitation en deux fois, en divisant la couche en deux, comme au Magny, à Saint-Charles pour la seconde couche ; et prenant pour séparation une des barres de la couche, la même traverse sert pour les deux étages, mais celui du bas est tenu en avant sur celui du haut. Jusqu'à présent, on n'a pas pris l'habitude d'amener des remblais, soit du dehors, soit de certains quartiers de la mine pour remblayer les vides des couches abattues. Quand celles-ci sont assez puissantes, cela entraîne des inconvénients. Ainsi, à Saint-Joseph, au nord-est, près du puits, on avait abattu la deuxième couche sans amener de remblais; il y a dix ans, un mouvement s'est fait dans le terrain supérieur, et dans le puits se sont produites, sur toute la hauteur, des fissures qui ont amené une masse énorme d'eau dans les travaux de ce puits, qui a son ouverture dans les graviers de la vallée du Rahin, graviers continuellement noyés dans la nappe d'eau souterraine du Rahin. Lors du fonçage, le haut du puits avait bien été cuvelé avec des trousses picotées, mais dès qu'on eut dépassé les venues d'eau, le puits n'était plus que boisé; d'après le système allemand, comme d'ailleurs tous

les anciens puits de Ronchamp. Ces fissures amenèrent ainsi l'eau du Rahin
derrière le cuvelage jusque dans le puits. Ces fissures se bouchèrent bien
dans l'argilolithe, mais non pas dans les grès rouges proprement dits ; l'eau
entra dans le puits sur 120 mètres de hauteur, et les pompes furent impuis-
santes à s'en rendre maître. On se décida alors à murailler solidement le
puits sur 180 mètres de hauteur, à partir du bas du cuvelage, et on put
ainsi se rendre maître de cette venue d'eau. Un fait analogue et dû aux
mêmes causes s'est produit, l'année dernière, au puits Sainte-Pauline ; mais
comme il ne restait plus que très peu de charbon à prendre dans cette
exploitation, on a préféré abandonner ces travaux, en plaçant dans les puits
Sainte-Pauline et Sainte-Barbe, à la hauteur du terrain houiller, des serre-
ments bétonnés et cimentés et remblayant toute la partie supérieure des
puits. Ces faits prouvent la nécessité de protéger les puits par de forts massifs intacts et de n'exploiter dans leur voisinage qu'avec un remblayage
parfait. D'un autre côté, on a abandonné pour les puits le système allemand, et les nouveaux puits, le Chanois, Saint-Georges, le Magny et le
Tonnet, sont circulaires et maçonnés. Nous ne croyons pas avoir à décrire
ici en détail les installations faites au jour pour l'extraction, les épuise-
ments et l'aérage ; sous ce rapport, les mines de Ronchamp ne laissent
aujourd'hui rien à désirer. Les travaux des puits Saint-Charles, Saint-Joseph
et d'Éboulet communiquent entre eux et avec le puits d'aérage Sainte-
Marie. Dans ces derniers temps, le Magny a été mis en communication
avec le Chanois, ce qui permettra d'organiser un très bon aérage pour
les importants travaux du Magny ; seul le puits Saint-Georges est encore
isolé, mais tout travail y est suspendu jusqu'à ce que le puits du Tonnet,
en fonçage, ait pu communiquer avec la descenderie faite à partir du puits
Saint-Georges.

VII. — Accidents. — Failles.

Nous avons indiqué plus haut que la direction du terrain houiller était de 115 à 120°, dans la partie nord du terrain houiller; ainsi, au puits Saint-Charles, elle est en moyenne de 119°; dans les travaux du Culot, concession de Mourière, elle est de 116°. Immédiatement au nord du puits Saint-Joseph, elle est de 125°, et au sud, elle se rapproche de 114°. Au puits d'Éboulet, la direction est de 20° seulement, par suite du soulèvement qui passe au sud du puits; mais en remontant vers le nord, après avoir passé par 0°, elle reprend peu à peu la direction de 120°. Au sud du puits, au delà du soulèvement, le terrain reprend son allure de 115 à 120°. Si maintenant on se porte à l'ouest de la ligne des puits que nous venons de citer, la direction se rapproche peu à peu de la ligne est-ouest, et la dépasse même; ainsi au puits du Chanois, la direction est de 82°, et dans les travaux du couchant du Magny, elle est exactement est-ouest. En avançant vers l'est, la direction, au puits Sainte-Pauline, est de nouveau est-ouest, mais à 900 mètres au levant, à l'extrémité orientale des travaux, elle est de 132°.

En résumé, en traçant une courbe de niveau dans les travaux de Saint-Joseph et de Sainte-Pauline, elle partirait de l'ouest avec la direction est-ouest, s'infléchirait peu à peu vers le sud pour arriver aux travaux de Saint-Joseph avec la direction de 120°; à partir de là, elle ferait une boucle ouverte vers le nord pour passer par-dessus le soulèvement de Sainte-Barbe, et, au puits Sainte-Pauline, elle serait de nouveau dirigée est-ouest pour s'infléchir enfin vers le sud, et arriverait à l'extrémité orientale des travaux de Sainte-Pauline avec la direction de 132°. Nous avons tracé sur la Carte géologique cette courbe de niveau à la cote 300 (100 mètres au-dessous de la mer), ainsi que quelques autres, notamment la courbe de niveau à la cote 500, qui longe au sud le grand soulèvement.

13

La pente du terrain houiller est partout dans le même sens, abstraction faite des dérangements ou soulèvements, et se dirige vers le sud-ouest. Entre les puits Saint-Charles et Saint-Joseph, elle est de 17°, au levant de Saint-Joseph de 13°, au couchant de 14°, au puits Sainte-Pauline de 13° en moyenne; dans l'axe du puits d'Éboulet, elle atteint 30°, par suite du soulèvement du sud. Au Chanois, elle n'est que de 12° dans la descenderie allant au Magny, au couchant du Magny, au fond des travaux, elle est de 18°, tandis qu'au levant elle ne dépasse guère 2°. Dans les descenderies de recherche du puits Saint-Georges, la pente varie de 15 à 17° et la direction des couches approche de 150° degrés. Dans la grande descenderie, au sud du soulèvement d'Éboulet, la pente atteint quelquefois 20°.

Dans son ensemble, l'allure du terrain houiller est donc assez simple, et elle n'est modifiée que localement par des failles et des accidents qu'on désigne sous le nom de soulèvements. Depuis longtemps, on connaissait ce qu'on appelle le grand soulèvement, et contre lequel sont venus s'arrêter tous les travaux de l'ancienne houillère, notamment les travaux du puits Saint-Louis et des puits n°ˢ 1 et 2. Au puits Saint-Louis, en 1830, on avait suivi d'abord le soulèvement en le longeant vers l'est; de plus, en 1839, on a poussé un montage sous un angle de 25° environ, au contact du terrain houiller et du terrain de transition, et après 60 mètres on est entré dans le grès rouge. En comparant les résultats de ces recherches avec les indications qu'avaient données les puits n°ˢ 1 et 2, on reconnut que la direction de ce soulèvement devait être orientée est-sud-est à ouest-nord-ouest ou environ 115°; et on en conclut que ce dérangement devait passer à 50 ou 60 mètres au midi du puits n° 6 qu'on venait de commencer. Dans la fig. 1, pl. II, nous avons tracé ce soulèvement aussi exactement que possible, d'après les documents et anciens plans; cette coupe indique un second soulèvement, mais bien moins important, au nord du puits Saint-Louis, et qui séparait les travaux de ce puits de celui du Basvent. Le grand soulèvement n'a jamais été traversé; sur les deux versants, on s'est arrêté sur le terrain de transition. Le puits n° 6, comme on le présumait, est tombé sur le soulèvement. Nous donnons, fig. 1, pl. VI, la coupe des travaux des puits 6 et 7, qui ont été mis en communication quand le dernier puits a été mis en exploitation ; ce dessin est une copie d'une coupe dressée en 1858. Le versant méridional est nettement accusé ; quant à celui septentrional, il l'est bien moins ; on dirait que les deux soulèvements dont nous venons de parler sont réunis ici et ont relevé le terrain jusqu'aux affleurements. La coupe indique que les veines de houille se réduisent à une seule sur le dos du relèvement.

Ce soulèvement se continue vers le nord-ouest et il a été reconnu dans le nord des travaux de Mourière (fig. 6, pl. VIII), où il est également désigné sous le nom de grand soulèvement ; un peu plus au nord, se trouve un second qui paraît être celui au nord du puits Saint-Louis.

Un autre soulèvement a été traversé à 80 mètres au sud du puits Saint-Joseph ; nous avons donné plus haut la nature des roches qui ont été recoupées par le travers bancs passant dans ce dérangement. Ici encore, les couches de houille ne disparaissent pas complètement au-dessus de ce dérangement.

Un troisième a été reconnu au sud du puits d'Éboulet. Nous en avons déjà parlé ; la couche de houille est étranglée sur le dos du soulèvement.

La direction de ces trois soulèvements est la même, c'est-à-dire environ 115°.

Un quatrième a été traversé par le puits du Chanois ; la deuxième couche de Ronchamp, reconnue au-dessus de ce soulèvement, n'a pas la même puissance qu'immédiatement au nord ; la direction de ce dérangement est la même que pour les précédents.

Le puits Sainte-Barbe est tombé également sur un dérangement ; nous en donnons la coupe, fig. 2, pl. V ; celui-ci a une direction toute différente et à peu près nord-sud.

Il y a un an, on a repris les travaux de recherche du puits Saint-Paul, en poussant un travers bancs vers le sud ; la fig. 9, pl. VIII, donne la coupe exacte du dérangement qu'on a traversé. La direction est également de 115° environ, et il paraît être le prolongement de celui rencontré à 80 mètres au sud du puits Saint-Joseph ; ils sont doubles tous les deux, mais le dernier serait moins important. Cette direction passe près du puits Sainte-Marie, qui a d'ailleurs traversé une faille dans le terrain houiller supérieur. Quant à l'inclinaison de tous ces soulèvements, c'est-à-dire celle des crêtes. elle est plus difficile à connaître exactement, faute de points de repère suffisants. Pour ce qui concerne le grand soulèvement, la crête, entre les puits n⁰ˢ 6 et 7, est à l'altitude 295,52 ; dans les travaux du Culot, elle atteindrait 470 mètres, soit une pente de 4,6 0/0 pour la distance de 3,800 mètres qui sépare le puits n° 6 de l'extrémité nord des travaux du Culot.

Pour le soulèvement passant par le puits Saint-Paul et à 80 mètres au sud de Saint-Joseph, l'altitude au premier puits est de 113 mètres en moyenne, et près du puits Saint-Joseph elle est de 175 ; la pente est donc de 288 mètres pour une distance de 3,200 mètres, soit une pente de 9 0/0.

Quant aux deux soulèvements du Chanois et d'Éboulet, faute de points de repère suffisants, il est difficile de donner exactement l'inclinaison ; mais, par le peu de travaux qui les entourent, on peut affirmer néanmoins que l'inclinaison est également vers le sud-est.

Le soulèvement de Sainte-Barbe atteint (fig. 2, pl. V), à ce puits, l'altitude de 143 mètres, comptée au mur de la couche de houille, sur la crête, comme nous l'avons fait ci-dessus. La coupe, fig. 1, pl. IX, fait voir qu'à 520 mètres au sud de Sainte-Barbe le soulèvement n'est plus qu'à 88, soit une pente totale de 231 mètres ou 44 0/0. Cette pente est très forte, et de plus, le soulèvement s'étale en éventail vers le sud ; aussi a-t-on passé par-dessus ce soulèvement à la cote 282 (altitude 118) au moyen d'une galerie faisant un U largement ouvert vers le nord et en ne quittant pas la houille ; seulement, tandis qu'au puits Saint-Joseph la formation houillère donnait 8ᵐ,97 pour les trois couches de charbon et au puits Sainte-Pauline 3ᵐ,10, sur le dos du soulèvement, la houille se réduisait à un banc de 50 à 60 centimètres, qui allait en augmentant peu à peu, tant vers l'ouest que vers l'est.

Les dérangements dont nous venons de parler présentent tous de grands points de ressemblance : 1° Une partie du terrain a été soulevée par rapport à celui d'amont et d'aval; ce soulèvement n'a pas été sans produire des failles à l'amont et à l'aval; celle de l'amont est généralement unique et nettement dessinée; et en partant de la houille on peut la suivre en montant sans perdre complétement le charbon; à l'aval, le plus souvent, les failles sont répétées et forment des gradins ou des marches d'escalier; 2° sur les soulèvements, la houille ne disparaît jamais complétement, elle y est étirée, étranglée; comme le disait Thirria, le mur est rapproché du toit ou le toit du mur; Delesse, de son côté, admettait que ces soulèvements avaient eu lieu lorsque la houille était encore à l'état plastique, et qu'elle a été pour ainsi dire laminée. Nous ajouterons que, dans ces soulèvements, les roches ont souvent des surfaces luisantes de miroirs, qui indiquent un frottement, un glissement; enfin, généralement, auprès de ces soulèvements on trouve ce qu'on appelle dans la localité la grise houille; c'est un grès houiller le plus souvent pyriteux et fortement imprégné de houille, et on dirait que c'est la pression qui a introduit dans les pores ou les strates du grès la houille encore à l'état plastique. Il résulte de certaines coupes, par exemple, de la coupe du puits n° 6 au puits n° 7, que sur le soulèvement, les couches de houille qui existent en amont et en aval ont été réduites en une seule, de bien plus faible épaisseur que les couches réunies; cela est possible, mais on ne peut l'affirmer, car les recherches ne sont pas suffisantes pour pouvoir s'expliquer nettement à cet égard. Pourtant, nous ajouterons que, dans les travaux de l'ancienne houillère, d'après les procès-verbaux de visite, les trois couches exploitées au puits Henri IV se rapprochaient l'une de l'autre en approchant du soulèvement au nord du puits Saint-Louis; de même, les trois couches du puits Saint-Charles tendent à se rapprocher en arrivant au grand soulèvement. Dans les soulèvements Sainte-Barbe, Saint-Paul et Éboulet, il ne doit en tout cas y avoir qu'une couche, vu que déjà avant ces accidents, toute la formation houillère était réduite à une couche.

Nous devons citer encore un dernier accident qu'il faut probablement rapporter au même genre; c'est celui rencontré récemment au sud du puits de Magny. Un avancement vers le sud est tombé, en sortant de la première couche, dans le terrain carbonifère inférieur. Les premiers bancs traversés étaient formés par des poudingues de la base du terrain houiller, puis, on est entré dans les schistes et des bancs de grès fin sur une longueur de 112 mètres; la coupe n° 2, pl. IX, donne ce travers bancs avec l'allure des couches de schistes et grès; à 112 mètres, on est tombé sur une faille inclinée à 40° vers le sud, et on est entré dans les grès du terrain houiller inférieur ou terrain talqueux. On a poursuivi la galerie dans ce terrain, mais comme il était très peu incliné, on avançait peu comme recherche, et à 45 mètres de la faille on a ouvert un montage qui, après 25 mètres, a recoupé la deuxième couche de houille du système de Ronchamp avec une puissance de $3^m,38$, dont seulement $0^m,30$ de barres. En ce point, la couche paraîtrait avoir la direction de 107°, avec pendage de 10° vers le sud. Les recherches ne sont pas suffisantes pour reconnaître exactement l'allure et la nature de cet accident; et on va commencer un travers bancs vers le sud, à la cote 138, pour se rendre compte des effets de ce dérangement; le résultat important est que la houille ait été reconnue au sud, et probablement les trois couches s'y retrouveront comme au puits de Magny même.

En dehors de ces accidents, le terrain houiller est traversé par un grand nombre de failles, mais presque toutes de peu d'importance; elles sont le plus souvent parallèles aux soulèvements que nous venons de décrire et paraissent en être une conséquence.

Ainsi, en examinant la coupe *g, h, i, k,* on voit qu'en se dirigeant vers le sud, à partir du puits Saint-Charles, les failles ont toujours rejeté les couches vers le bas; ce n'est qu'en approchant du soulèvement du puits Saint-Joseph que les couches sont relevées vers le sud; et on peut admettre que ces rejets en sens inverse sont l'effet des soulèvements dont ils sont rapprochés. Entre Saint-Joseph et Éboulet, il y a des rejets dans les deux sens, mais dans cette région le terrain a été fortement relevé par le soulèvement d'Éboulet, dont l'effet se prolonge bien au delà de la faille qui le termine au nord; c'est ce soulèvement qui est cause qu'on a rencontré la houille au puits d'Éboulet, à une profondeur moindre de 100 mètres à celle à laquelle on pensait la trouver d'après l'allure du terrain entre Saint-Charles et Saint-

Joseph. Au sud de ce soulèvement, les failles rejettent également les couches en bas. Il en est de même dans la coupe des puits 6 et 7, où d'abord les couches sont rejetées en bas, sous l'influence du grand soulèvement et, plus loin, relevées au contraire par le soulèvement de Saint-Joseph. On peut faire la même observation pour les travaux du Chanois. Le soulèvement de Sainte-Barbe, dans les travaux de Saint-Joseph et de Sainte-Pauline, a produit une série de failles qui relèvent le terrain des deux côtés vers lui; à l'extrémité orientale, dans les travaux Sainte-Pauline, il existe au contraire des failles qui relèvent le terrain vers l'est; c'est l'effet du soulèvement oriental qui limite de ce côté le bassin de Ronchamp.

Au puits du Magny, outre quelques failles de peu d'importance, on rencontre une faille dont la coupe est indiquée dans la fig. 2, pl. IX; nous en donnons de plus une projection de face selon le plan de la faille; cette faille est pivotante, comme d'ailleurs beaucoup d'autres. Elle a été reconnue par une galerie ouverte dans la première couche, et qui, après avoir rencontré la faille, est entrée immédiatement dans la seconde couche; c'est ainsi que cette couche a été découverte au Magny, car le puits ne l'avait pas traversée; cette faille paraît également être une conséquence du grand dérangement du travers bancs du Magny, auquel elle est parallèle.

Dans la coupe a, b, c, d, e, f sont indiquées trois failles qui toutes relèvent les couches vers le sud; elles sont l'effet des soulèvements qui vers l'est mettent fin au terrain houiller.

Quel est l'âge et quelle est la cause des soulèvements que nous venons de décrire?

Tous ces soulèvements ont été traversés par des galeries, à l'exception du grand soulèvement du nord. Au Chanois, à Saint-Joseph, à Éboulet, on n'a traversé que l'étage houiller inférieur; dans celui du Magny, on a traversé à la fois l'étage inférieur et le culm; au puits Sainte-Barbe, en approfondissant le puits dans le soulèvement même et après avoir traversé le terrain talqueux et le culm, on est tombé sur une roche éruptive qui n'est autre que le mélaphyre dont nous avons parlé plus haut.

A Saint-Paul, le soulèvement est double; dans celui du nord, on n'a traversé que le culm; mais, dans celui du sud, on a recoupé également le mélaphyre. Il est donc rationnel de conclure que ces soulèvements sont dus à l'éruption des mélaphyres; d'ailleurs, cette roche apparaît au sud-est du bassin, dans la vallée de la Luzienne, comme nous l'avons indiqué; de plus elle traverse, au nord des affleurements houillers, en plusieurs points le culm, notamment au nord de Mourière, au mont Chauveau et au Plainet; il n'est donc pas étonnant qu'il ait fait des éruptions également sous le terrain houiller même.

Le mélaphyre, en général, n'a pas traversé le terrain houiller, ni même le plus souvent le culm; pourtant, à Saint-Paul, le mélaphyre est en contact immédiat avec le terrain talqueux sur le revers nord de la bosse méridionale. Une autre observation à faire est que le mélaphyre n'a guère modifié les roches avec lesquelles il est en contact; celles-ci, en général, deviennent plus dures, plus raides, comme cela se voit dans les schistes du culm, mais il n'y a pas eu d'action chimique proprement dite.

De ce que le mélaphyre n'a pas traversé en général le terrain houiller, on ne peut certes pas conclure que son éruption est antérieure à ce terrain, car toute éruption ne traverse pas toujours tous les terrains qui sont au-dessus d'elle; cela dépend de l'énergie de l'action soulevante, dont le centre d'action peut être plus ou moins éloigné; cela dépend également de la nature des terrains soulevés, dont quelques-uns se laissent difficilement traverser ou fendre et préfèrent suivre l'action soulevante en se plissant, se contournant, surtout quand ils sont encore à un état plastique, comme la houille ou les argiles fraîchement déposées, et que l'éruption, au lieu d'être brusque et intempestive, est lente et progressive. Il nous semble qu'on ne peut pas admettre qu'à Ronchamp la houille et les schistes houillers se soient déposés par couches, le long d'un soulèvement sur lequel elles s'appuient sur des hauteurs de 30 mètres et plus avec des pentes assez fortes, et cela dans des espaces fort restreints; cela serait contraire à tous les principes admis pour les terrains de sédiment.

D'un autre côté, le culm étant traversé en plusieurs points par le mélaphyre, il faut admettre que l'éruption de cette roche, ou, si l'on veut, la
fin de l'éruption de cette roche, est postérieure au culm.

On arrive ainsi à la conclusion que l'éruption du mélaphyre est au moins
contemporaine du terrain houiller ; d'un autre côté, comme les poudingues
du grès rouge contiennent du mélaphyre, elle doit être antérieure au dépôt
de ce terrain.

Nous croyons que pour le mélaphyre, comme d'ailleurs pour la syénite, il y a une distinction à faire entre la formation de la roche et son
éruption ou sa venue au jour. Quand on remarque, d'un côté, le peu d'altération que le mélaphyre a introduit dans les roches ou couches qu'il a sou-
levées et disloquées ; que, d'un autre côté, on observe dans ce mélaphyre
même des surfaces de glissement, des miroirs, il nous semble difficile
d'admettre que cette roche soit venue au jour à l'état de fusion ignée ou
aqueuse, et elle devait être formée depuis longtemps dans le laboratoire
souterrain avant d'avoir été soulevée ; aussi, quand nous désignons l'âge
du mélaphyre, c'est de son éruption que nous entendons parler et non de
la formation même de cette roche.

Le terrain houiller a donc été disloqué avant le dépôt du grès rouge,
et c'est ce qui explique la non-concordance des stratifications des deux terrains, quoiqu'on puisse constater le passage insensible des deux terrains
de l'un à l'autre.

Il y a encore un autre moyen de reconnaître cette non-concordance.
L'argilolithe a dû nécessairement se déposer dans un moment de grand
calme et sa surface supérieure devait être à peu près horizontale au moment du dépôt, surtout si on ne le considère que sur une faible surface,
comme dans le cas actuel ; d'un autre côté, la première couche de houille
de Ronchamp a dû se déposer dans les mêmes conditions. S'il n'y avait pas
eu dislocation entre le dépôt de cette couche et celui de l'argilolithe, la
distance qui sépare les deux surfaces de l'argilolithe et de la première
couche devrait être sensiblement la même partout ; et il n'en est pas ainsi.
Nous avons donné plus haut l'altitude de la surface de l'argilolithe dans les

14

neuf puits de la houillère de Ronchamp ; d'un autre côté, voici celle de la première couche dans les mêmes puits :

Saint-Charles	+ 136 52	Sainte-Barbe + 110 82
Saint-Joseph	— 80 26	Sainte-Pauline — 105 80
Éboulet . .	— 135 85	Saint-Georges — 72 88
Sainte-Marie.	+ 88 14	Le Chanois. . — 169 »
Le Magny. .	— 298 88	

En comparant ces chiffres avec ceux donnés plus haut, on voit que la distance de la surface de l'argilolithe à la première couche est de :

Au puits Saint-Charles, de	141.80)	
— Saint-Joseph	215.09 }	mètres
— Éboulet	265.20)	
— Sainte-Barbe.	157.68)	
— Sainte-Pauline..	218.30 }	mètres
— Saint-Georges	119.21)	
— Sainte-Marie	192.26)	
— Le Chanois	290.94 }	mètres
— Le Magny	304.22)	

En comparant les trois chiffres qui sont sous la même accolade, il en résulte que, déjà à l'époque du dépôt de l'argilolithe, le terrain houiller était disloqué et avait, en gros, à peu près la pente actuelle vers le sud ou le sud-ouest ; les différences des chiffres sont trop considérables pour qu'on puisse les attribuer à un défaut d'horizontalité dans les dépôts de la première couche et de l'argilolithe. Un seul puits fait exception à cette conclusion, c'est le puits Saint-Georges, le plus au levant, mais nous avons déjà dit que ce puits est très rapproché du soulèvement qui, vers l'est, met fin au terrain houiller de Ronchamp et a subi l'influence de ce soulèvement, tandis que les puits Sainte-Barbe et Sainte-Pauline sont en dehors de son rayon d'action.

La surface de l'argilolithe a dû rester la même depuis son dépôt ; elle n'a pas été ravinée, enlevée, et l'étage supérieur du grès rouge s'est déposé sur elle sans aucune perturbation géologique ; pourtant, aujourd'hui, cette surface est loin d'être horizontale ; ce qui indique que depuis le grès rouge il y a une nouvelle dislocation qui évidemment s'est fait sentir également sur le terrain houiller sous-jacent, sans que pourtant cela ait pu faire diminuer ou augmenter sensiblement la distance existant entre les deux terrains. D'après le niveau qu'a aujourd'hui la surface de l'argilolithe dans chacun des puits cités plus haut, on peut se rendre compte de l'importance de cette dislocation, sauf une constante qui peut être positive ou négative, car si nous connaissons aujourd'hui l'altitude de l'argilolithe dans chacun des puits, nous ne savons pas quelle était l'altitude de la surface horizontale de l'argilolithe lors de son dépôt, par rapport à la mer actuelle.

Nous sommes ainsi amené à admettre qu'un quelconque des points n'a pas subi de modification, et nous choisirons celui du puits de Magny, où l'argilolithe est à l'altitude de $5^m,34$ au-dessus de la mer, c'est-à-dire le point le plus bas.

Nous pouvons alors tracer les diagrammes suivants (voir ci-après, page 109), indiquant les positions relatives du terrain houiller au moment du dépôt du grès rouge et à l'époque actuelle ; les traits pleins simples indiquent le niveau actuel de la première couche ; les traits simples coupés, le même niveau à l'époque du dépôt de l'argilolithe, les doubles traits pleins et coupés représentent les surfaces de l'argilolithe respectivement aux mêmes époques ; la ligne ombrée représente le niveau actuel de la mer.

Il résulte de ces diagrammes que le terrain houiller a été soulevé depuis le dépôt du grès rouge, et qu'il l'a été beaucoup plus dans sa partie septentrionale que vers le sud. Quant à la direction de ce resoulèvement, elle ne doit pas différer beaucoup de celle des soulèvements partiels que nous avons indiqués comme contemporains du terrain houiller ; ce qui le prouve, au surplus, c'est que le grès rouge, dans toute la zone qui longe les affleurements du terrain houiller, où on peut la mesurer en plusieurs points, a la direction de 115 à 120°, qui est l'effet de ce soulèvement. On peut encore s'en rendre compte en faisant par les puits Sainte-Marie, Saint-Joseph et Sainte-Pauline une coupe analogue aux trois précédentes ; et on trouvera que la quantité dont le terrain houiller s'est relevé depuis le grès rouge, est sensiblement la même en ces trois points, qui sont, à peu de chose près, placés dans la direction du terrain houiller. Il y a d'ailleurs une remarque générale à faire : tous les dérangements du terrain houiller ont une tendance à se rapprocher de la direction des Petites-Vosges, autrement dit du système des ballons, qui est orienté de 105 à 110°; l'observation a déjà souvent été faite, que, dans la proximité d'un grand dérangement ou soulèvement, les dérangements qui suivent ont tous une tendance à prendre la direction de leur aîné; ils y trouvent sans doute des fissures toutes faites ou des résistances moindres que dans toute autre direction; aussi les directions des dérangements du terrain houiller de Ronchamp sont-elles presque toutes parallèles au système des ballons; et, comme ces dérangements ont imprimé leur allure au terrain houiller lui-même, on peut dire que le bassin de Ronchamp est, en définitive, dans son ensemble, orienté comme le système des ballons. Ces dérangements sont dus, d'après nous, à l'éruption des mélaphyres; ces mêmes roches se rencontrent en un grand nombre de points du versant méridional des ballons de Servance et d'Alsace, et leur éruption a dû notablement modifier le relief de ce versant, notamment des ballons de la Planche des Belles-Filles, de Saint-Antoine, de Saint-Jean, de l'Ordon-Verrier, du Plainet, etc.

Élie de Beaumont, dans la Carte géologique de France, tome Ier, p. 425, a déjà signalé entre Plombières et Ronchamp un soulèvement, en s'appuyant sur les hauteurs insolites qu'y atteignait le grès bigarré. Ici encore, le grès bigarré atteint des hauteurs considérables, comme sur le contrefort du mont de Vanne et au Chérimont, et nous croyons que c'est ce soulèvement longeant le versant méridional des Petites-Vosges, et déjà indiqué par Élie de Beaumont, qui a relevé le terrain schisteux, le terrain houiller ainsi que le grès rouge et les grès vosgien et bigarré; de façon que le grès des Vosges atteint sur le mont de Vanne l'altitude de 600 mètres et plus.

Élie de Beaumont place ce soulèvement entre le trias et le terrain jurassique, et il est porté à l'attribuer à l'éruption des serpentines qu'on rencontre au sud-ouest des Vosges, en plusieurs points. Nous pensons

Diagrammes indiquant les positions relatives du terrain houiller au moment du dépôt
du grès rouge et à l'époque actuelle.

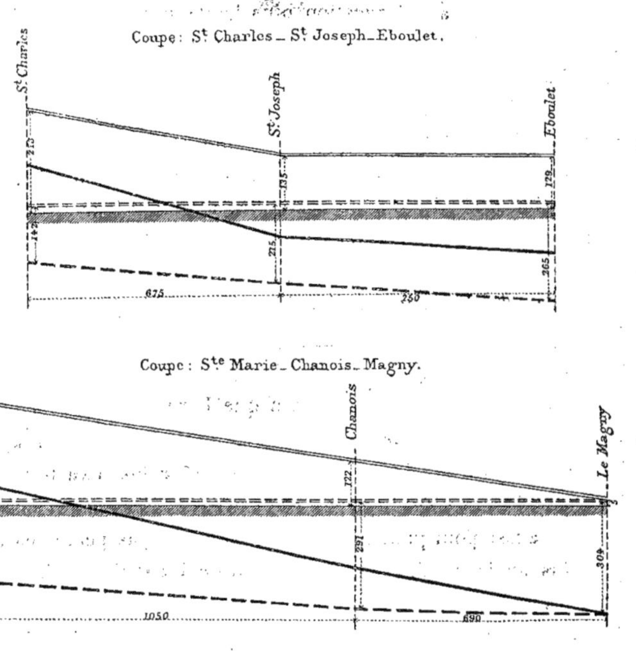

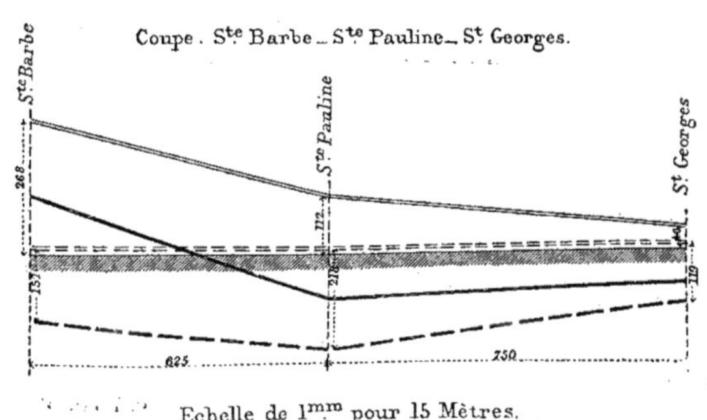

Echelle de 1^{mm} pour 15 Mètres.

qu'on peut l'attribuer également aux mélaphyres, de même que pour les soulèvements dont il a été question plus haut; nous avons déjà dit que, par les effets produits, le mélaphyre ne nous semble pas avoir fait une éruption instantanée et intempestive, mais plutôt un soulèvement lent et progressif; et, dans ces mouvements, il a pu y avoir des temps d'arrêt, sauf à reprendre plus tard leur action émergente. Quant à prolonger l'action des mélaphyres jusqu'au trias, nous n'y voyons rien de contraire aux principes géologiques admis. Élie de Beaumont admettait leur éruption depuis le grès rouge jusqu'au terrain tertiaire; pourtant, pour ce qui concerne les Vosges, il place leur éruption entre le grès rouge et le grès vosgien; Thirria, d'après de Buch, étend leur action jusqu'au terrain jurassique compris; M. de Lapparent dit que les mélaphyres appartiennent à l'époque permienne; d'autres les placent dans le culm. Il nous semble précisément résulter de ces différentes appréciations que l'éruption des mélaphyres n'a pas des dates géologiques bien précises, et qu'ils ont fait leur apparition pendant un temps assez long, du terrain houiller jusqu'au trias, par des soulèvements lents, entre lesquels il a pu exister des temps d'arrêt; cela expliquerait aussi pourquoi, en général, ils n'ont pas percé des terrains, quoique plus anciens qu'eux, se contentant de les soulever, de les plisser, de les étirer.

Quant aux serpentines, nous n'en avons pas reconnu dans les terrains des environs de Ronchamp, et nous avons été ainsi amené à attribuer le soulèvement postérieur au grès rouge, à la plus jeune des roches éruptives connues de la contrée.

Postérieurement à ce soulèvement, qui a donné le relief actuel au mont de Vanne et en partie au Plainet, il s'est produit, à l'ouest du mont de Vanne, une grande faille qui met là brusquement fin à ce qu'on peut appeler les Vosges, pour retomber dans la plaine de l'Ognon, au milieu de laquelle n'apparaissent que quelques mamelons de grès bigarré et des pointements de mélaphyres entourés de dépôts diluviens. Tout le versant occidental du mont de Vanne, ainsi que la plaine qui s'étend à ses pieds, est recouverte, comme nous l'avons dit, d'un grand nombre de blocs erratiques provenant des

anciens glaciers ; on y trouve le grès des Vosges, le grès rouge, les porphyres, les schistes anciens, de la syénite ; et ces glaciers ont dû enlever
sur une surface notable le grès vosgien qui recouvrait le mont de Vanne et
le Plainet sur une étendue plus grande qu'aujourd'hui, et dont il ne reste
que des lambeaux. La direction de cette faille est tracée approximativement
sur notre Carte géologique ; elle se prolonge au Sud, en suivant les vallées
du Rahin et de l'Ognon, jusque dans le département du Doubs, ainsi que
nous l'avons indiqué plus haut. Partout le côté occidental de cette faille a
été rejeté en bas ; mais, de plus, les terrains au levant de la faille se sont
affaissés à mesure qu'on s'approche de cette dernière, surtout à partir des
hameaux de Recologue et de la Côte. En joignant à cet affaissement la direction
nord-ouest–sud-est qu'affectent les terrains de Chérimont, on comprend
comment le grès vosgien, qui, à l'extrémité orientale de cette montagne,
atteint 550 mètres, descend peu à peu vers l'Ouest en ne formant plus que
des escarpements recouverts par le grès bigarré, et arrive au niveau de la
vallée du Rahin, entre Recologue et la Côte, à l'altitude de 310 environ. La
vallée du Rahin est une vallée d'érosion, au moins à partir de Champagney
jusqu'à la Côte, et les hauteurs du grès vosgien de chaque flanc de la vallée
se correspondent dans le sens de la direction des couches ; l'érosion a dû
être considérable, entraînant le grès bigarré, le grès vosgien et une partie
du grès rouge, ne laissant que des témoins de l'état antérieur, comme la
montagne du château d'Étobon et celle de la Chapelle de Ronchamp, qui
sont couronnées par le grès vosgien.

Pour ce qui concerne le système du Rahin, nous ne pouvons guère
signaler son intervention dans les dislocations du terrain houiller ; on peut
peut-être rapporter le cours supérieur du Rahin à une déchirure produite
par ce système, mais au milieu des schistes anciens continuellement tour-
mentés et disloqués qu'il suit, il est difficile de rien affirmer. Quant aux
systèmes plus récents que ceux que nous venons de citer, nous ne croyons
pas qu'ils aient une influence marquée sur le bassin de Ronchamp ; le
système de la Côte-d'Or a fait sentir son action principalement plus vers
l'Ouest ; au Sud, dans les environs du Salbert et de Chagey, il a pourtant

relevé tous les terrains, depuis le dévonien jusqu'au jurassique, en y produisant des failles dont celle au sud de Salbert est la plus importante, ainsi que des ondulations et glissements de terrain, et qui indiquerait que ce mouvement serait dû autant à une pression latérale qu'à un soulèvement. Mais rien ne prouve, au moins jusqu'à présent, que cette dislocation ait atteint le terrain houiller lui-même.

VIII. — Limites du bassin houiller. — Son avenir.

Nous avons déjà fait remarquer plus haut qu'à mesure qu'on avance vers le sud-est, les bancs de poudingues du terrain houiller sont de moins en moins nombreux et diminuent d'épaisseur. Ainsi, au sondage de Malbouhans, on a traversé treize bancs de poudingues d'une épaisseur totale de 46 mètres sur 126 de terrain houiller; au puits Sainte-Marie, trois bancs seulement de 20 mètres d'épaisseur ensemble, sur 120 mètres de terrain houiller; à Sainte-Pauline, on ne trouve plus qu'un banc de 6 à 7 mètres, sur une épaisseur de 60 mètres de terrain houiller.

D'un autre côté, les bancs de schistes et de grès qui séparent les trois couches de houille du système de Ronchamp vont également en augmentant du sud-est au nord-ouest, et, de plus, ces couches elles-mêmes se divisent en un grand nombre de veines séparées par des bancs de roches à mesure qu'on avance dans cette direction.

Il nous semble qu'on peut conclure de ces faits que le courant qui a charrié et amené dans le bassin tant les roches que le ligneux, venait du nord-ouest, et il a dû exister, à l'époque du dépôt du terrain houiller, des terres basses émergées entre les Vosges, les Ardennes et le Morvan; ce sont ces terres qui ont fourni et la roche et le ligneux entraînés par les eaux. Les gros galets des poudingues se sont déposés les premiers, puis les sables et schistes, et, aux époques où le courant charriait de notables quantités de ligneux, celui-ci a été porté en général plus loin, pour former les couches

de houille; mais, même à ces époques, les eaux charriaient des sables et
des argiles qui se sont intercalés entre le dépôt ligneux, et de préférence à
leur entrée dans le bassin de dépôt : ce qui a amené la grande division des
couches vers le nord-ouest, de manière à les rendre même inexploitables.
Quant au bassin en lui-même, il était constitué par la grande dépression
qui s'étend au sud du système des ballons, et qui commence vers le nord-
est, près de Rougemont, au pied de Bærenkopf, et se dirige vers le sud-
ouest; au sud, il était limité par la falaise qui part du même point et se
dirige vers Saulnot, en passant par le ballon de Roppe et le Salbert. Cette
falaise, à l'époque du terrain houiller, devait se continuer bien au delà de
Saulnot vers le sud-ouest; depuis, elle a été recouverte par le terrain jurassique, mais sa continuation n'en est pas moins bien accusée par l'orientation des terrains plus récents qui s'appuient sur elle, et aussi par une
ligne de saillies dont la principale est la montagne de la Serre, où existe un
pointement de terrain primitif. Cette saillie, déjà à l'époque houillère, devait
avoir des lacunes ou dépressions par où le dépôt houiller pouvait s'étendre
jusque dans la mer permienne et jurassique, témoin le petit bassin de
Roppe. En 1873, on a entrepris un sondage sur le versant nord de la montagne de la Serre; d'après les renseignements qu'a bien voulu nous communiquer M. Chosson, ce sondage serait ouvert dans le grès bigarré, à 8 mètres
de profondeur; il serait entré sur 25 mètres dans le grès vosgien avec une
base d'arkose; puis il a été continué pendant 97 mètres dans le grès rouge
pour s'arrêter, d'après les notes, sur le terrain euritique : ce qui, sans doute,
veut dire le terrain de transition modifié par les tufs du porphyre contemporain de ce terrain, par analogie avec ce qui se rencontre au bassin de
Ronchamp. Ce sondage, arrêté en 1876, ne prouve rien ni pour ni contre
la continuation d'un bassin houiller; on n'en a d'ailleurs jamais eu une
coupe exacte; la seule chose certaine, c'est que le grès rouge y existe.

On a déjà signalé à plusieurs reprises, et notamment Élie de Beaumont,
les analogies entre les Vosges méridionales et le Morvan; d'un autre côté,
le bassin d'Épinac a une ressemblance frappante avec celui de Ronchamp;
ils sont du même âge géologique, le nombre des couches est le même dans

l'un et l'autre. Il est donc possible que ces dépôts aient une même origine, et qu'ils aient été déposés en même temps aux deux extrémités de la dépression nord-est sud-ouest qui des Ballons s'étend jusqu'au Morvan, et qui avait pour limite sud la grande falaise reliant les deux massifs anciens, et au sud de laquelle s'est formée plus tard la mer jurassique qui, sur une certaine étendue, a recouvert cette falaise.

Que dans toute cette dépression, depuis Ronchamp jusqu'à Épinac, il existe des terrains houillers exploitables, cela n'est pas probable; mais il peut bien y avoir des bassins formant chapelets, et le sondage de la Serre ne détruit en rien cette hypothèse; celui-ci aurait d'ailleurs dû être placé à une plus grande distance du pointement de terrain ancien.

Mais revenons au terrain houiller de Ronchamp. Au nord, il est naturel·lement limité par les affleurements. Vers l'est, il pourrait s'étendre dans toute la dépression, jusqu'au point où celle-ci disparaît à la hauteur de Rougemont; nous avons indiqué plus haut les points où effectivement on a trouvé du terrain houiller : aux Granges-Godey, dans l'Arsot, près de Roppe, à Anjoutey; mais en aucun point on n'a rencontré de gîte exploitable; la houille se réduisait à des lentilles de 20 à 22 centimètres d'épaisseur et de 1 à 2 mètres de diamètre. Dans les travaux et recherches de la concession de Ronchamp, cet appauvrissement du terrain houiller vers l'est a été d'ailleurs reconnu. Ainsi, dans les travaux de l'ancienne houillère, à la hauteur des mines du Cheval, on est tombé vers l'est sur ce qu'on a appelé le brouillage; le terrain houiller disparaissait entre le terrain de transition et le grès rouge, mais les roches y étaient brisées, bouleversées; il en a été de même dans les travaux du levant du puits n° 1, qui sont tombés sur le même bouleversement.

L'exploitation du puits Sainte-Pauline a été arrêtée à 240 mètres à l'est du puits, où l'on est tombé sur un soulèvement mettant fin à la couche de houille à l'altitude de —167; au puits Saint-Georges, le même soulèvement a été rencontré à 120 mètres nord-est du puits, à l'altitude de —82; la couche de houille disparaissait également. Le sondage de la Chatelaye, tout en tra-versant du terrain houiller, n'a pas rencontré de couche de houille; il a été poussé pourtant jusqu'à 600 mètres de profondeur et arrêté dans le terrain de transition. Les exploitants de Ronchamp ont, à plusieurs reprises, cherché à se rendre compte des allures du terrain houiller vers le levant de leurs travaux. Citons d'abord le sondage dit: de la Prairie, à 500 mètres au midi du puits n° 1; ouvert en 1831 à l'altitude de 366,50 dans le grès rouge, il est entré, à 45 mètres de profondeur, dans le schiste dit de transition; dans une note en date du 29 avril 1850, il est dit que ces schistes étaient très difficiles à traverser par la multitude des délits, et il a été arrêté à la profondeur de 129^m,30 toujours dans ces schistes.

En 1830 a été foncé le puits n° 5, au bois des Époisses : ouvert à l'altitude de 368 mètres dans le grès rouge, il est entré, à 65 mètres de profondeur, dans un brouillage de grès rouge entremêlé de grès houiller. À 70 mètres, au lieu de continuer le puits, on a fait au fond du puits un sondage qui, sur 44 mètres, d'après un procès-verbal de Thirria du 12 juillet 1832, a traversé un mélange de grès houiller, de poudingue houiller et de terrain de transition. Il a été arrêté, à 120 mètres de profondeur, dans les schistes de transition parfaitement caractérisés.

Enfin, en 1866, la compagnie actuelle de Ronchamp a entrepris le sondage dit Theurey : ouvert à l'altitude de 375 mètres, et après avoir traversé 190^m,50 de grès rouge, il serait entré dans le terrain de transition, dans lequel il a été poussé jusqu'à 228^m,64.

Pour n'oublier aucune des recherches qui ont été faites dans l'est de la concession, citons encore le sondage de Champagney, fait en 1832, à 300 mètres au nord de l'église de ce bourg; il a traversé 110 mètres de grès rouge et est tombé dans le terrain de transition, qu'il a traversé sur 10 mètres.

De toutes ces données, on peut conclure que le terrain houiller s'amincit vers l'est, qu'il disparaît, et qu'en tout cas il ne renferme plus de couche de houille exploitable, par suite d'un soulèvement du terrain de transition, dont l'axe passerait à peu près par le sondage de la Prairie et le puits n° 5, avec un fort pendage vers le sud.

En allant plus loin vers l'Est, nous trouvons le sondage dit de Frahier, sltué près du village de la Barre. M. Bertrand, alors ingénieur des mines à Vesoul, a bien voulu nous envoyer, en 1874, une coupe de ce sondage, coupe qui lui avait été communiquée par M. Hogard, auquel étaient envoyés les échantillons successivement retirés. Il en résulte que, depuis la surface jusqu'à la profondeur de 375 mètres, on est resté dans le grès rouge avec quelques bancs de conglomérats. De 375 à 474, on a eu une roche verte métamorphique offrant à 440 un grès mêlé d'arkose, et à 474 une argile glanduleuse verte et du conglomérat. M. Bertrand nous dit qu'un échantillon provenant de la cote 474 est formé d'une espèce de grès talqueux, verdâtre, granuleux. De 474 à 556, on a traversé une arkose granuleuse, souvent violacée, et de 556 à 557 un grès bleuâtre. De 557 à 565, un grès argileux, noir, et de 565 à 567 un grès compact, conglomérat schisteux noir, avec empreintes charbonneuses de végétaux; de 567 à 583, une série de poudingues à galets de quartz, de granite, de porphyre, et de 583 à 592, fond du sondage, des schistes rouges un peu feuilletés.

M. Bertrand ajoute que de 375 à 557 le terrain ressemble beaucoup, par places, au terrain de transition de Ronchamp; et il cite, à cet effet. le grès talqueux verdâtre, granuleux; nous avons vu plus haut que ce grès talqueux fait partie plutôt de l'étage inférieur du terrain houiller; il en est de même de l'argile glanduleuse; quant au terrain de 357 à 567, il le place dans le terrain houiller. On est tenté de conclure qu'au sondage de Frahier l'étage supérieur du terrain houiller n'existe plus, qu'on n'y a rencontré que l'étage inférieur, qui y aurait une puissance de 192 mètres, quand il n'a guère que 40 ou 50 mètres à Ronchamp. Pourtant cette grande différence de puissance ne peut être un motif suffisant pour rejeter cette hypothèse, l'étage supérieur ayant lui-même, en certains points, plus de 100 mètres et en d'autres seulement 10 ou 12 mètres. L'ouverture du sondage est à l'altitude 372; le terrain de transition aurait donc été rencontré à — 195.

Au puits Sainte-Pauline, le terrain de transition est à — 105, à Sainte-Barbe + 105; mais ce dernier est tombé, comme on sait, sur un soulèvement; néanmoins, à l'est de ce puits, on trouve ce même terrain, dans le sondage de la Prairie, à + 321, au puits n° 5 à + 248, au sondage Theurey à + 185, et puis plus à l'est, au sondage de Frahier, à — 195.

On peut conclure de ces chiffres qu'entre Sainte-Pauline et le sondage de Frahier il existe un soulèvement avec failles (vu les brouillages rencontrés) dirigé à peu près nord-sud, avec la crête inclinée vers le midi.

La direction et l'inclinaison du grès rouge sont assez difficiles à avoir exactement; ce grès ne présente aucun escarpement et aucune carrière n'y est ouverte; pourtant, tandis qu'en général ce grès plonge de 5° à 15° vers le Sud-ouest dans toute la partie à l'ouest de la ferme de Chérimont, près de Chénebier, il plonge de 14° vers le nord-est. Il existe d'ailleurs, entre la ferme du Chérimont et Chénebier, une ligne de partage des eaux : à l'ouest, les ruisseaux de Beverne et d'Éboulet coulent vers l'ouest pour se jeter dans le Rahin et l'Ognon, tandis que le ruisseau des Noriaudes et la Frenotte coulent vers le levant pour se jeter dans la Luzienne et le Doubs. La route nationale de Paris à Bâle traverse également ce soulèvement : de Ronchamp à 318 mètres d'altitude, elle arrive au hameau du Ban, à 480, et redescend jusqu'à Frahier, à l'altitude de 365. Mais ces indications sont insuffisantes pour en conclure que ce soulèvement est postérieur au grès rouge ; nous le croyons du même âge que les soulèvements que nous avons signalés dans l'intérieur du terrain houiller; il serait à peu près parallèle à celui rencontré par le puits Sainte-Barbe, mais bien plus important que ce dernier. Il serait dû également au soulèvement des mélaphyres, dont on voit des pointements importants aux deux extrémités de la ligne de soulèvement; au sud, près de Chagey, et au nord sur le sommet du Plainet; c'est sans doute lui qui a amené au jour le culm dans la vallée de la Frenotte, car ce terrain ne reparaît plus vers le sud-ouest, le long de la falaise.

Il résulterait de ce qui précède que, vers l'est, ce soulèvement a mis fin au bassin houiller exploitable, et qu'à l'est de ce soulèvement il n'existerait plus que le système inférieur, qui, dans les concessions de Ronchamp et d'Éboulet, n'a jusqu'à présent donné aucune couche exploitable; on comprend dans ce cas l'insuccès des recherches faites dans l'Arsot, à Anjoutey, aux Granges-Godey, etc.

Dans la houillère vers le sud, et principalement vers le sud-ouest, tous les travaux sont encore au charbon, et le beau résultat du travers bancs du Magny est un excellent indice. Nous avons vu plus haut que, dans les travaux de ce puits, la direction est presque exactement est-ouest, et le dérangement du travers bancs du Magny n'a dû modifier cette allure que momentanément. Dans les travaux du levant de ce puits, l'inclinaison est faible, et si cette faible inclinaison n'est pas un effet du grand dérange-ment au sud du puits, on se rapprocherait d'un fond de bateau qui, d'après quelques indications, se trouverait à 1,000 mètres environ au sud du puits du Magny.

Ce fonds de bateau existe-t-il réellement? Rien ne l'établit d'une manière certaine. Le terrain houiller, dans son ensemble, a dû se déposer par couches horizontales; et il a eu pour limite, tant au nord qu'au sud, soit le culm, soit le terrain de transition proprement dit. Vers le nord, il a été fortement relevé postérieurement à son dépôt; en a-t-il été de même au sud. Cette question a ici peu d'importance, car elle n'a pu modifier en rien la richesse et l'étendue du terrain houiller; si ce relèvement existe, il aura pour résultat de permettre d'atteindre la houille à une plus faible profon-deur que s'il n'avait pas eu lieu. En tout cas, vers le sud, le bassin de Ronchamp ne saurait s'étendre tout au plus que jusqu'à la falaise de terrain ancien, qui apparaît à 8 kilomètres au sud du puits du Magny; et il est certain qu'il ne va pas jusque-là. Pour qu'il y ait relèvement, il faut que cette falaise ait été exhaussée, depuis le dépôt houiller, soit par les mélaphyres, soit postérieurement à l'éruption de ces derniers. Nous avons vu plus haut qu'au mont Salbert on avait rencontré les mélaphyres, nous les avons signalés au nord de Chagey, et il est possible qu'ils existent plus au sud-ouest, et qu'ils y ont modifié le relief de la falaise sans appa-raître au jour; le système de la Côte-d'Or a d'ailleurs également modifié ce relief.

Quoi qu'il en soit de l'existence de ce fond de bateau, tout établit que le terrain houiller doit encore s'étendre notablement au sud des travaux actuels; d'un côté, la deuxième couche retrouvée avec toute sa puissance au sud du dérangement, et sans doute sous peu on aura retrouvé la première couche et la couche intermédiaire; d'un autre côté, dans la plaine de Clairegoutte, on ne remarque aucune dislocation importante de terrain, et dans cette direction le bassin de Ronchamp nous paraît encore avoir de l'avenir.

Deux points sont nettement indiqués pour faire des recherches dans cette direction; ce sont les îlots de grès rouge qui apparaissent dans le fond des deux ruisseaux qui se réunissent à Clairegoutte. Celui du nord est encore situé dans la concession d'Éboulet, et nous espérons que bientôt, dès que l'allure du terrain houiller sera mieux reconnue au sud du dérangement du Magny, on foncera un puits en ce point; d'après toutes les probabilités, il aura de 750 à 800 mètres pour arriver à la houille.

Quant au second îlot, il servira plus tard pour y pratiquer une recherche pour une demande en extension. La limite sud de la concession d'Éboulet est à 2,200 mètres du puits du Magny; on peut donc espérer là un champ d'exploitation assez étendu.

Pour étudier et reconnaître si le relèvement vers le sud existe, il conviendrait de faire un sondage dans le ruisseau du Faux, à l'ouest de Beverne.

Vers l'ouest, les couches de houille, comme nous l'avons dit, se divisent, s'éparpillent par l'interposition de bancs stériles de plus en plus nombreux et épais; on peut admettre que cette ligne d'amincissement, comptée à partir du point où les couches, dans les conditions actuelles, ne sont plus guère exploitables, passe à 100 mètres du travers bancs Sainte-Marie et à la même distance à l'ouest du Chanois; à la hauteur du puits du Magny, elle serait alors à 650 mètres à l'ouest de ce puits; les travaux actuels au couchant sont déjà à 100 mètres du puits, et la première couche, qui y est exploitée, a conservé une puissance $0^m,70$ à 1 mètre; c'est déjà un faible amincissement. Cet amincissement lent et progressif des couches est, certes, un fâcheux indice, et annoncerait généralement l'approche de la fin du bassin exploitable. La limite occidentale actuelle de la concession d'Éboulet est à 3 kilomètres environ au couchant du puits du Magny, et il en résulterait que l'exploitation serait arrêtée bien avant, faute de charbon exploitable.

Pourtant, il est possible qu'il en soit autrement; nous avons supposé que la ligne de division où les couches cessent d'être exploitables était une droite; ne formerait-elle pas plutôt une courbe analogue à une branche de parabole ou d'hyperbole convexe vers l'est, et qui se dirigerait vers le nord-ouest? On peut donner quelques motifs à l'appui de cette opinion. Le courant amenant les matériaux du bassin houiller venait, avons-nous admis, du nord-ouest. Dans ce courant, à régime torrentiel probablement au début, les gros matériaux se sont déposés les premiers, et c'est même l'abondance relative des poudingues qui nous a servi pour en conclure la direction du courant; les matériaux qui ont formé les grès et schistes ont été emportés plus loin que les poudingues; d'autres fois, le courant n'amenait que des matériaux menus ou même seulement de la matière végétale. Ces dernières ont dû, en général, être charriées plus loin, jusque dans le thalweg de la dépression, ou même contre son relèvement méridional. Il est donc très possible que, dans la profondeur, les couches de houille continuent à être exploitables quand elles ne le sont plus dans l'amont pendage vers le nord-ouest. Si on veut tracer la ligne de plus grande richesse en houille, elle passerait dans les travaux actuels par Saint-Charles, Saint-Joseph; à partir de ce puits, elle s'infléchirait vers le sud-ouest et passerait par le puits du Magny; au delà de ce puits, elle prendrait peu à peu la direction sud-ouest, pour se rapprocher de la falaise; en un mot, la courbe serait une espèce de parabole dont le sommet serait situé entre Saint-Joseph et le Magny; la branche nord-est passerait par Saint-Joseph et Saint-Charles, et la branche sud-ouest par le Magny. Une courbe analogue a déjà été assignée comme limites orientale et méridionale du bassin houiller de Ronchamp, lors des demandes en concession et d'extension. La limite où les couches cessent d'être exploitables s'étendrait ainsi, à mesure qu'on avance en profondeur, bien plus vers l'ouest ou le sud-ouest que si elle se terminait à une ligne droite, et nous penchons à croire qu'il en est réellement ainsi; les travaux futurs le prouveront sans doute. Mais, d'un autre côté, il est évident que le bassin houiller est limité au sud-ouest comme il l'est au sud-est; et si on voulait, dès à présent, se rendre compte de son prolongement plus ou moins grand vers le sud-ouest, il conviendrait d'ouvrir un sondage dans la vallée du Rognon, près d'Athézans.

Sans tenir compte des charbons exploitables qui doivent exister au sud du puits d'Éboulet, au sud et au sud-ouest du Magny, la quantité de houille qui reste à enlever dans les travaux en activité, ainsi que dans les quartiers reconnus, mais non découpés, s'élève, à notre avis, à environ 7,000,000 de tonnes; à raison de 200,000 tonnes par an, il reste donc du charbon assuré encore pour trente-cinq ans; mais ce que nous venons d'exposer ci-dessus assure à cette houillère une durée bien plus longue qu'on ne le supposait il y a dix ans.

Pour ce qui concerne la concession de Mourière, nous ne voyons pour elle d'autre ressource actuelle que l'exploitation de l'aval pendage du puits de la Croix, ressource d'ailleurs peu importante. Le seul avenir de cette concession est, d'après nous, dans une extension au midi de ses limites actuelles, et non à l'ouest, comme on l'a fait par le sondage de Malbouhans; mais évidemment on rencontrera le terrain houiller à de plus grandes profondeurs qu'à Malbouhans.

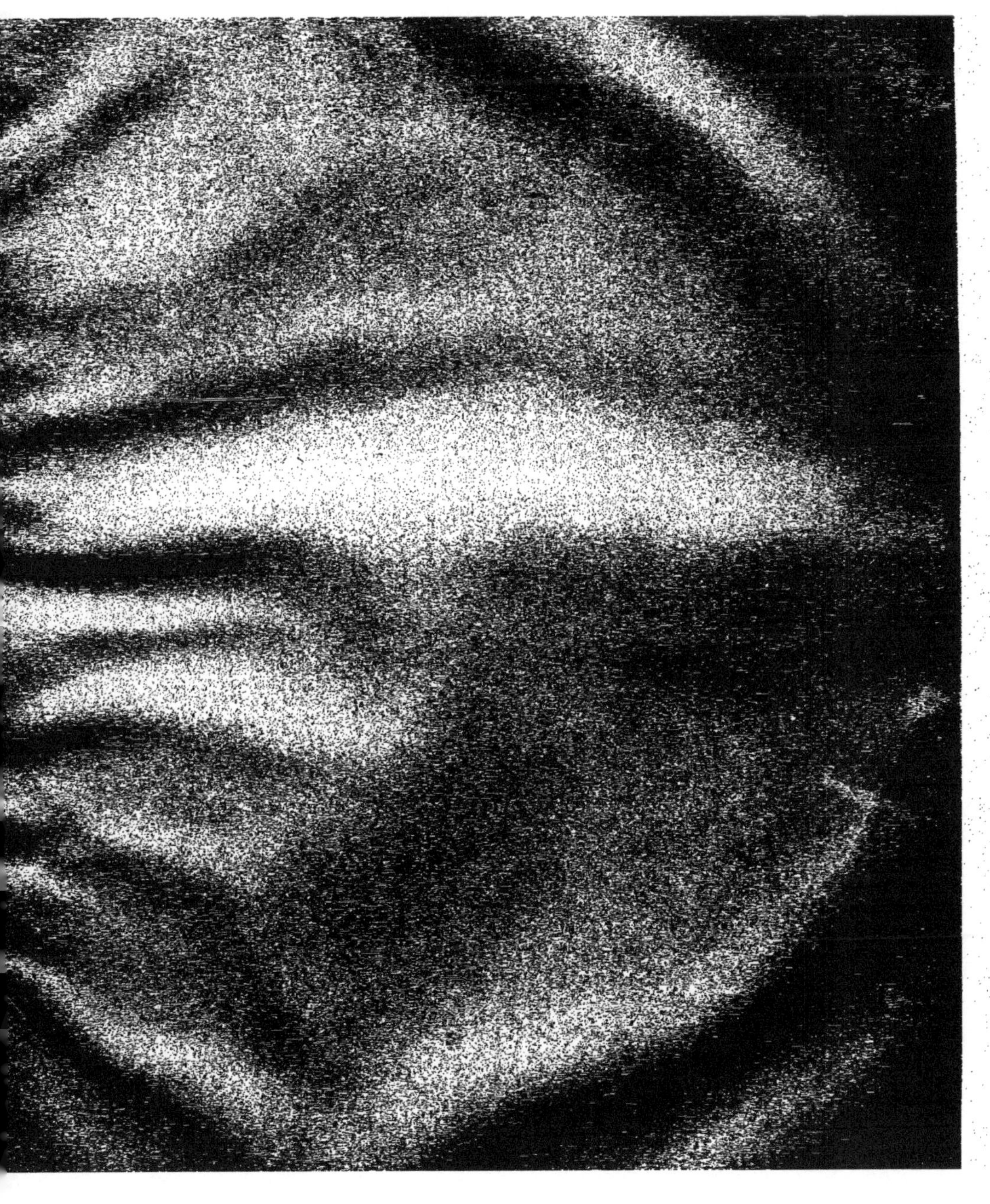

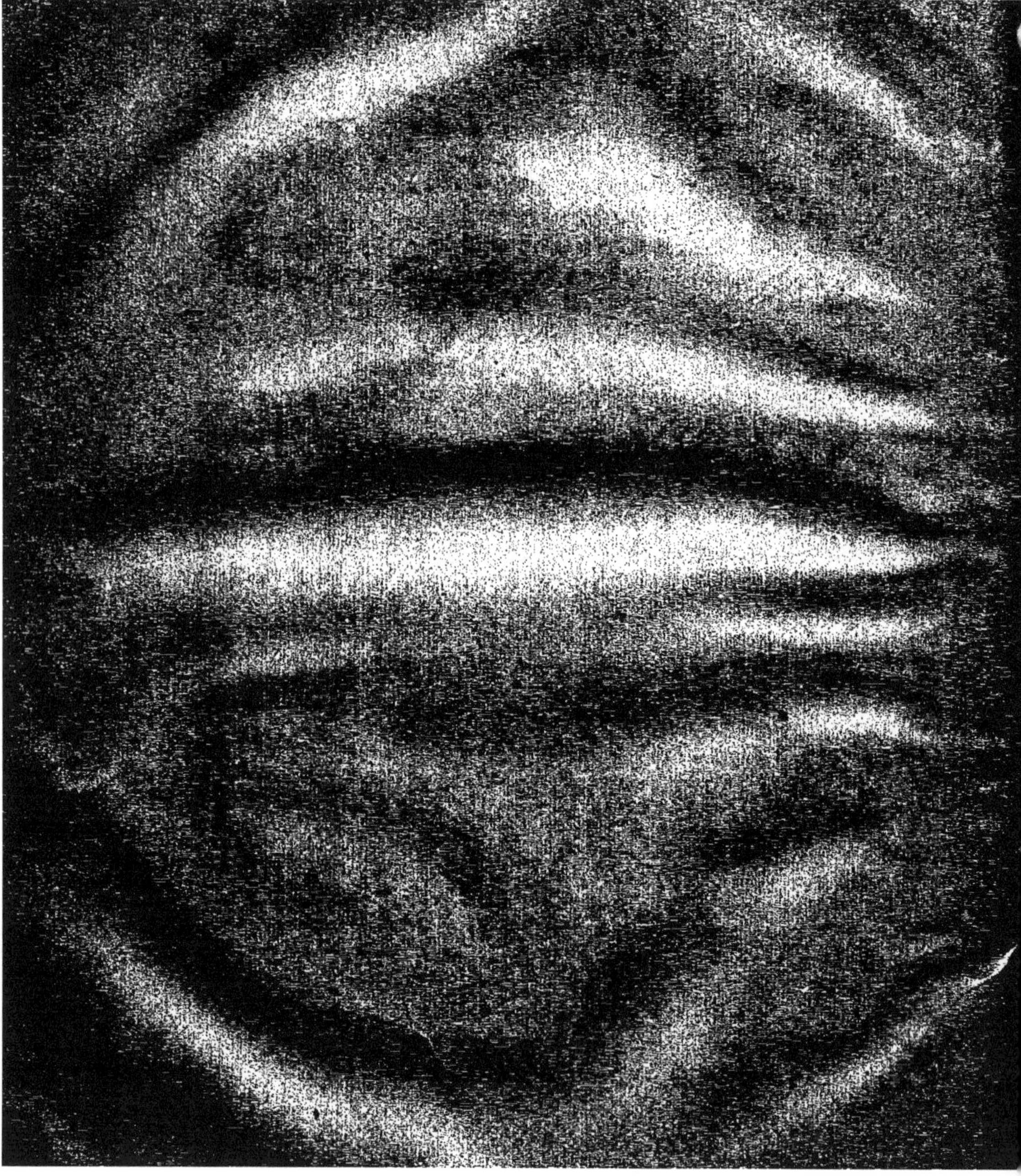

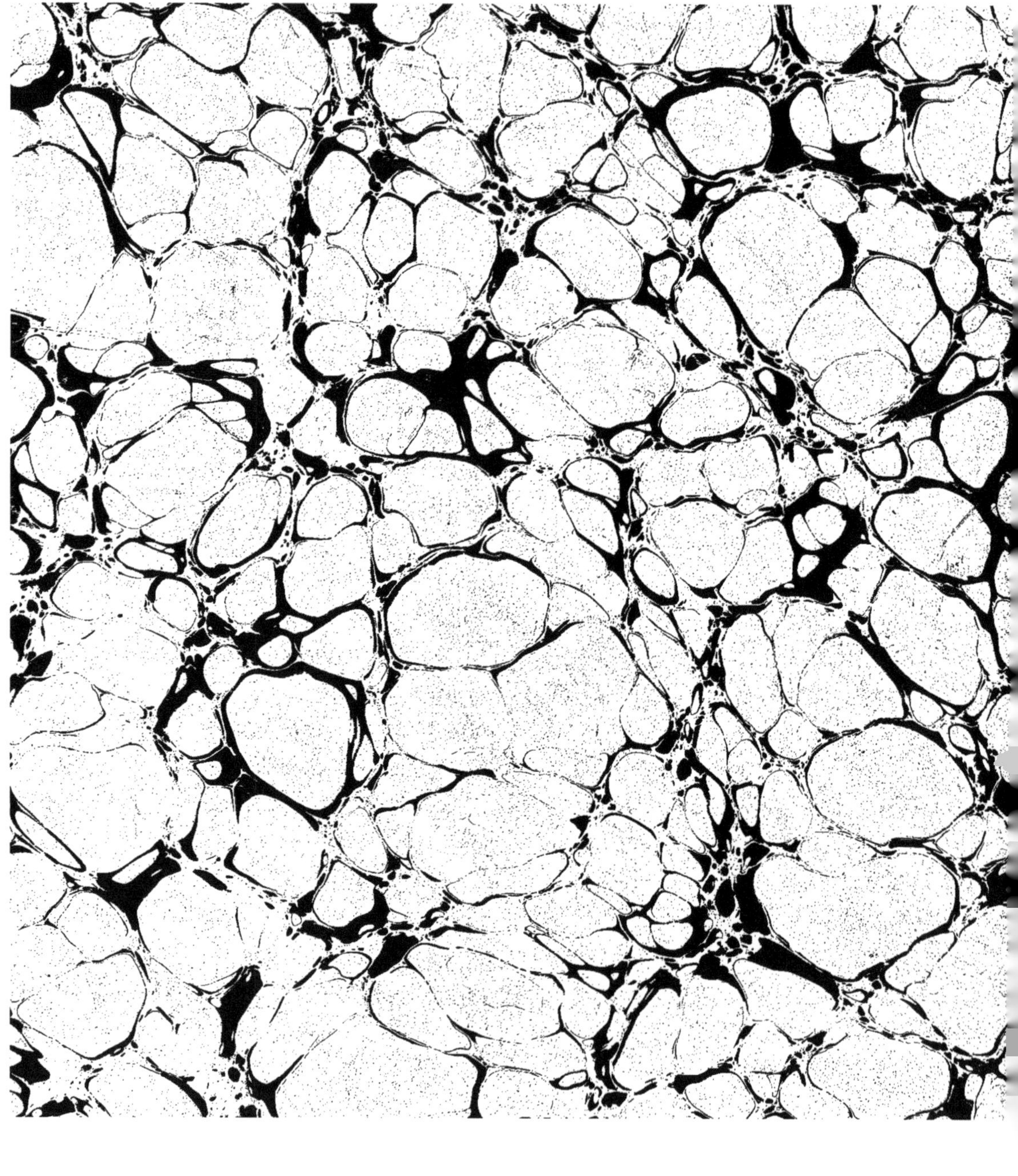

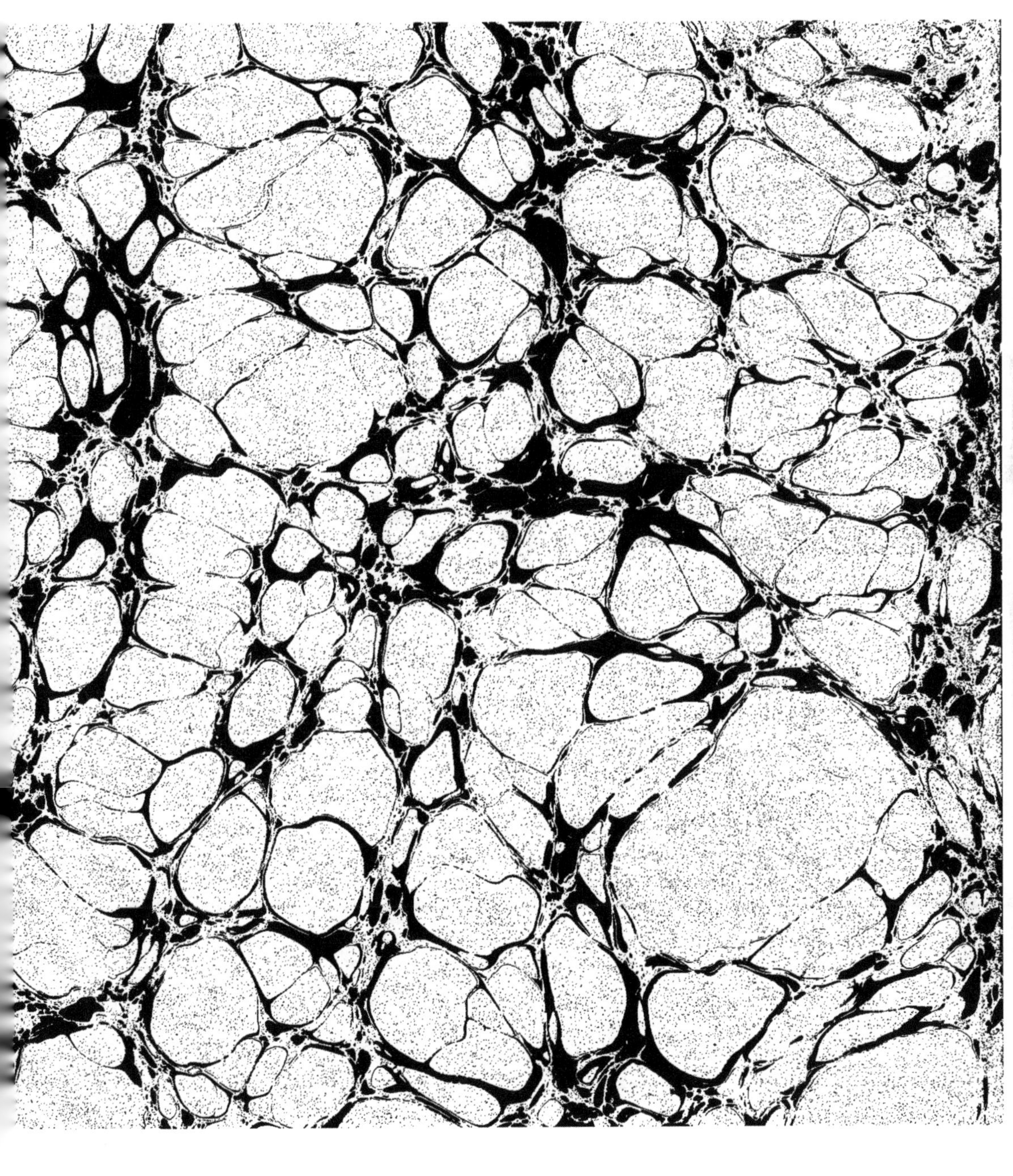

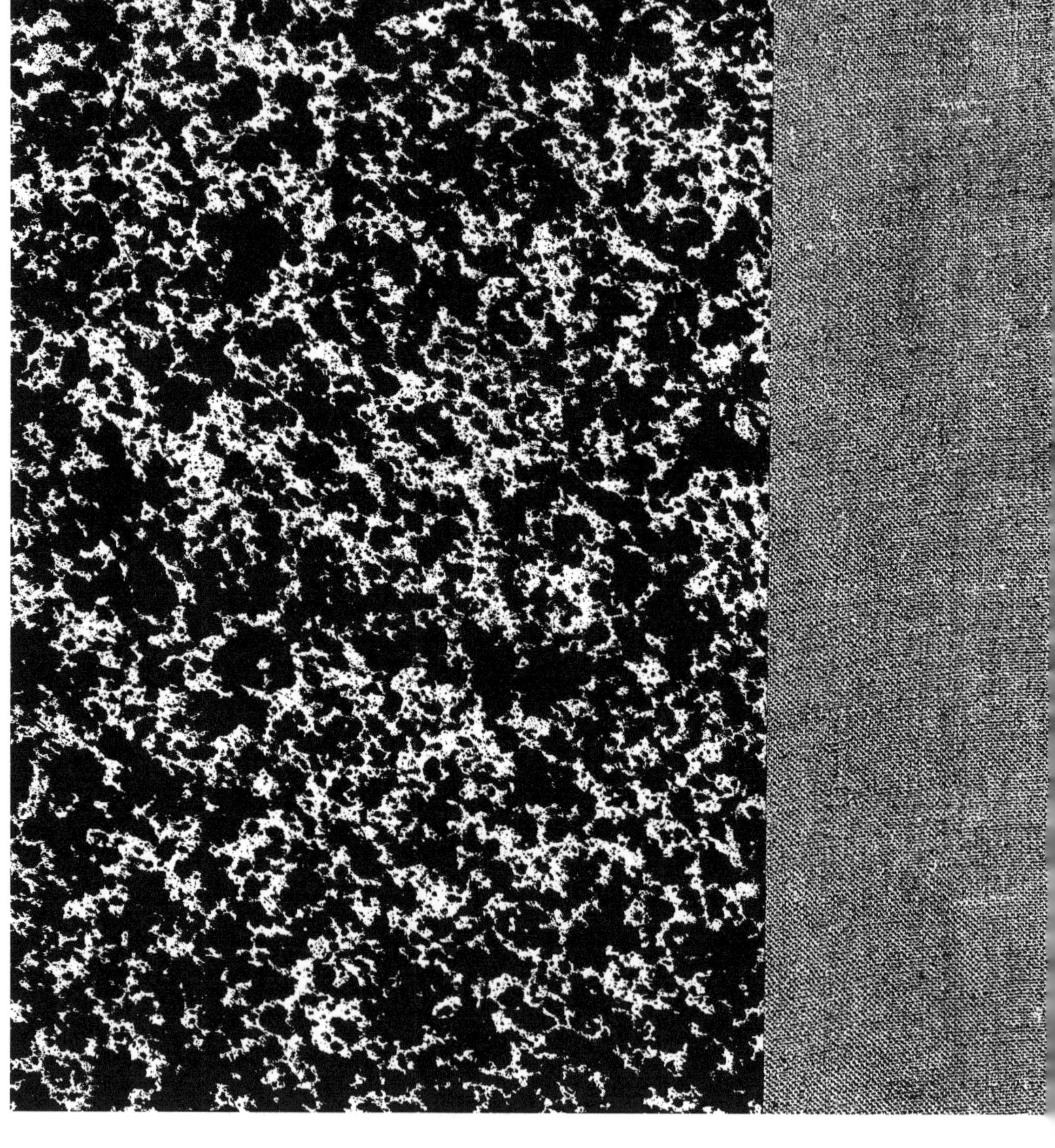

www.ingramcontent.com/pod-product-compliance
Ingram Content Group UK Ltd.
Pitfield, Milton Keynes, MK11 3LW, UK
UKHW022233120726
13694UKWH00002B/820